O TRAUMA DO NASCIMENTO

E SEU SIGNIFICADO
PARA A PSICANÁLISE

O livro é a porta que se abre para a realização do homem.

Jair Lot Vieira

OTTO RANK

O TRAUMA DO NASCIMENTO

E SEU SIGNIFICADO PARA A PSICANÁLISE

TRADUÇÃO E INTRODUÇÃO:

Érica Gonçalves de Castro
Doutorado em Literatura Alemã e
Pós-Doutorado em Teoria Literária
pela Universidade de São Paulo

REVISÃO TÉCNICA:

Guilherme Ignácio da Silva
Professor de Língua e Literatura Francesa
da Universidade Federal de São Paulo
Editor responsável pela tradução brasileira
de *Em busca do tempo perdido*, de Marcel Proust

Copyright da tradução e desta edição © 2016 by Edipro Edições Profissionais Ltda.

Título original: *Das Trauma der Geburt: und seine Bedeutung für die Psychoanalyse*. Traduzido do alemão a partir da edição publicada em Leipzig pela Internationaler Psychoanalytischer Verlag em 1924.

Todos os direitos reservados. Nenhuma parte deste livro poderá ser reproduzida ou transmitida de qualquer forma ou por quaisquer meios, eletrônicos ou mecânicos, incluindo fotocópia, gravação ou qualquer sistema de armazenamento e recuperação de informações, sem permissão por escrito do editor.

Grafia conforme o novo Acordo Ortográfico da Língua Portuguesa.

1ª edição, 1ª reimpressão 2022.

Editores: Jair Lot Vieira e Maíra Lot Vieira Micales
Coordenação editorial: Fernanda Godoy Tarcinalli
Tradução e introdução: Érica Gonçalves de Castro
Revisão técnica: Guilherme Ignácio da Silva
Revisão: Vânia Valente
Editoração: Alexandre Rudyard Benevides
Capa: Estúdio Design do Livro
Imagem da capa: Geboorte van Maria, Hans Collaert (I), Adriaen Huybrechts (I), 1576 – Rijksmuseum.

Dados Internacionais de Catalogação na Publicação (CIP)
(Câmara Brasileira do Livro, SP, Brasil)

Rank, Otto, 1884-1939.

    O trauma do nascimento: e seu significado para a psicanálise / Otto Rank; tradução e introdução Érica Gonçalves de Castro. – São Paulo: Cienbook, 2016.

    Título original: Das Trauma der Geburt: und seine Bedeutung für die Psychoanalyse.

    ISBN 978-85-68224-03-8

    1. Nascimento – Aspectos psicológicos 2. Psicanálise 3. Psicologia 4. Trauma (Psicanálise) I. Título.

15-08109   CDD-150.195

Índice para catálogo sistemático:
1. Trauma do nascimento : Psicanálise : Psicologia : 150.195

São Paulo: (11) 3107-7050 • Bauru: (14) 3234-4121
www.cienbook.com.br • edipro@edipro.com.br
@editoraedipro   @editoraedipro

Para Sigmund Freud,
O explorador do inconsciente
e criador da psicanálise,
aos 6 de maio de 1923.

Reza a antiga lenda que o rei Midas perseguiu na floresta, durante um longo tempo, sem conseguir capturá-lo, o sábio Sileno, companheiro de Dionísio. Quando, por fim, ele veio a cair em suas mãos, perguntou-lhe o rei qual dentre as coisas era a melhor e a mais preferível para o homem. Obstinado e imóvel, o demônio calava-se; até que, forçado pelo rei, prorrompeu finalmente, por entre um riso amarelo, nestas palavras: "– Estirpe miserável e efêmera, filhos do acaso e do tormento! Por que me obrigas a dizer-te o que seria para ti mais salutar não ouvir? O melhor de tudo é para ti inteiramente inatingível: não ter nascido, não ser, nada ser. Depois disso, porém, o melhor para ti é logo morrer".

Nietzsche. *O nascimento da tragédia.*

SUMÁRIO

Introdução: Um trauma e seus desdobramentos 11

Nota preliminar 21
I – A situação analítica 25
II – A angústia infantil 33
III – A satisfação sexual 47
IV – A reprodução neurótica 59
V – A adaptação simbólica 79
VI – A compensação heroica 103
VII – A sublimação religiosa 111
VIII – A idealização artística 129
IX – A especulação filosófica 149
X – O conhecimento psicanalítico 161
XI – O efeito terapêutico 175

Biobibliografia 187
Resumo dos capítulos 189

INTRODUÇÃO
UM TRAUMA E SEUS DESDOBRAMENTOS

O PERCURSO DE RANK ATÉ A PSICANÁLISE

Alvo de severas críticas quando publicado em 1924, *O Trauma do nascimento* foi a obra que levou Otto Rank a romper com o movimento psicanalítico. Com o passar do tempo, o livro tornou-se um clássico da literatura psicanalítica, sendo lido tanto em círculos especializados quanto – e talvez, principalmente – fora dele. Pois a despeito das lacunas que deixou abertas, ele cumpre com êxito a proposta de seu autor de estender o pensamento psicanalítico a uma esfera mais ampla do espírito humano e de suas criações. E é à luz de seu papel histórico que essa obra deve ser lida.

De origem modesta e sem formação acadêmica em medicina numa época em que os psicanalistas eram originariamente psiquiatras, Otto Rank foi o único autodidata dentre os discípulos de Freud da primeira geração. Essa característica será, ao mesmo tempo, seu grande mérito e a origem da resistência que enfrentaria ao longo de sua carreira. Nascido em Leopoldstadt, na periferia de Viena, em 1884, sua infância foi marcada pelo alcoolismo do pai, Simon Rosenfeld, um ourives de origem judaica e sujeito a frequentes crises de violência. Além da complicada situação familiar, o jovem Otto tinha uma saúde frágil – sofria de reumatismo articular agudo – e fora vítima de abuso sexual por parte de um adulto próximo de sua família. Esse contexto o levou a apresentar traços de neurose no início de sua vida adulta. Segundo seu biógrafo James Lieberman, ele sofria de uma fobia patológica de micróbios que o levava a usar luvas o tempo todo. A partir de 1901, o sobrenome Rosenfeld será abandonado, numa tentativa radical de desvincular-se de suas origens. O pseudônimo Rank foi retirado de um personagem de *Casa de Bonecas*, de Ibsen, um de seus autores preferidos – ao lado de Friedrich Nietzsche e

Arthur Schopenhauer. A nova identidade será legalizada com sua conversão ao catolicismo, o que formaliza uma dupla independência em relação ao pai biológico. Rank, contudo, se reconverterá ao judaísmo às vésperas de seu primeiro casamento.

Mas ainda como Otto Rosenfeld, aos 14 anos, apesar da forte inclinação para os estudos de humanidades, ele teve de ingressar numa escola técnica, a fim de aprender um ofício que lhe garantisse o sustento material. Porém, sempre ambicionando uma carreira literária, ele segue estudando literatura e filosofia por conta própria e, em 1903, passa a conhecer a psicanálise com *Sexo e caráter* (1903), de Otto Weiniger. Maior impacto ainda lhe causaria a leitura de *A interpretação dos sonhos*, em 1905. No ano seguinte, Rank conhece Alfred Adler, que promove seu encontro com o eminente autor da obra. Ele tinha então 22 anos de idade e trabalhava numa oficina mecânica, ao mesmo tempo em que preparava um livro sobre a criação artística à luz da psicanálise – *O Artista. Princípios para uma psicologia sexual* – publicado no ano seguinte com o auxílio de Freud. Impressionado com as qualidades intelectuais e o entusiasmo do jovem Rank, Freud não apenas lhe concede um posto de secretário da Sociedade Psicanalítica de Viena (entre 1910 e 1915, quando teve oportunidade de protocolar todas as discussões do período), como também financia seus estudos universitários até o doutorado em filosofia, em 1912, com a tese *O tema do incesto na literatura e no mito*.

Convocado em 1915, Rank é enviado à Polônia, onde atua como editor de um jornal do exército austro-húngaro. Apesar de contrariado com a experiência, lá ele conhece Beata Mincer, sua futura esposa e mãe de sua filha. Ela se tornaria psicanalista de crianças sob o nome de Tola Rank (1896-1967). Com o fim da Primeira Guerra, Rank é um novo homem: em 1920, ele começa a atuar como psicanalista, com uma clínica no coração de Viena. Ele gozava do respeito e do afeto de Freud mas não um diploma em medicina – o que não passava desapercebido pelos seus contemporâneos, bem como sua resistência em submeter-se, ele mesmo, a sessões de análise.

Com a derrota do Império Austro-Húngaro na Primeira Guerra Mundial, os judeus perderam sua posição de destaque em vários setores, não sendo diferente na Associação Psicanalítica Internacional (*Internationale Psychoanalytische Vereinigung*), sediada na Alemanha. Com o apoio dos alemães Karl Abraham e Max Eitingon, o britânico Ernest Jones assume a presidência da entidade em 1920 e tenta impor uma linha psicanalítica mais ortodoxa. É o início dos problemas de Rank com o movimento. Como ele vinha atravessando crises depressivas seguidas – também em virtude de sua experiência na Polônia – seus adversários passariam a considerá-lo um "doente mental", acometido de psicose maníaco-depressiva. Com ciúme da afeição que Freud lhe dispensava e empenhado em normatizar as modalidades de análise didática, Jones viria a tornar-se seu principal opositor. Apesar de ser o discípulo mais próximo de Freud, que o acolheu em seu círculo familiar, Rank começa a revisar as doutrinas do mestre a partir de 1923, quando publica juntamente com Ferenczi *Objetivos do desenvolvimento da Psicanálise. Sobre a alternância entre teoria e prática*, obra em que os autores questionam a rigidez das regras psicanalíticas e que traz as principais direções que conduziriam a pesquisa posterior de Rank – por exemplo, a proposta de uma "terapia ativa", que privilegiava tratamentos mais curtos e de duração limitada, bem como uma concentração no presente. A repetição é concebida pelos autores como uma "rememoração atualizada", na qual a experiência tem o mesmo peso que a lembrança para o conhecimento do material reprimido. Em vez de remeter o paciente a seu passado e a seu insconsciente, interpretando sonhos e o complexo de Édipo, a proposta de Rank e Ferenczi preconizava a vontade consciente do analisado, aplicando-a à sua situação presente, a fim de aguçar seu desejo de cura – segundo os autores, a única forma de fazer sair a passividade masoquista na qual o paciente buscava refugiar-se. É claro que o meio psicanalítico não ficaria indiferente à obra. Dentre as críticas que receberam, estavam a univocidade das descrições do processo terapêutico e uma interpretação errônea das doutrinas freudianas sobre a dinâmica da transferência, que teria conduzido a uma posição retrógrada dos autores, que os reportaria aos tempos da catarse e da hipnose.

Contudo, um barulho ainda maior estava por vir, e Rank o faria sozinho, justamente com seu *Trauma de nascimento*, publicado no ano seguinte (1924). Com essa obra, ele pretendeu concretizar uma discussão – desenvolvida ao longo de quase duas décadas no círculo vienense de psicanálise e que ele, enquanto secretário do comitê, pôde acompanhar de perto – acerca do significado simbólico da gravidez. No centro do debate estava a ideia, lançada por Freud, do ato do nascimento como uma fonte de angústia. Rank não será o único a tentar aprofundar o tema. Dentre os trabalhos contemporâneos ao seu, destacam-se o do próprio Ferenczi, *Thalassa. Ensaio de uma teoria da genitalidade*, obra que dialoga com o *Trauma do nascimento* no que tange à pesquisa das origens biológicas da neurose e da vida sexual. Abraham escreve *Esboço de uma história do desenvolvimento da libido*, onde estuda as etapas pré-genitais da organização da libido dentro de um quadro dos estados maníaco-depressivos e, logo em seguida, *Estudo psicanalítico da formação do caráter*. Quanto a Freud, na sequência de *O Ego e o id*, são publicados *Declínio do complexo de Édipo e Problema econômico do masoquismo*. Na ordem do dia, estavam, portanto, o exame das etapas pré-edipianas e a tendência em vincular a psicanálise à biologia. Como os membros do comitê costumavam discutir entre si seus trabalhos antes de publicá-los, era natural que houvesse um elo comum entre eles. Só que Rank, além de não submeter o *Trauma do nascimento* aos colegas, arriscou-se a rever aspectos fundamentais da teoria freudiana e a propor novos critérios para a prática da psicanálise – como o estabelecimento de um prazo para a conclusão do tratamento. Não surpreende, pois, que seu livro logo tenha sido recebido como uma afronta e, naturalmente, despertado reações inflamadas.

O TRAUMA DO NASCIMENTO

Como diz o título completo da obra, trata-se de delimitar o significado desse trauma inicial para a psicanálise da época. Assim, o nascimento constitui um trauma *sui generis* e com consequências. A principal referência de Rank será *Interpretação dos sonhos*, o que ficaria patente na exposição, mesmo se a obra não fosse dedicada a Freud. Se este, nesta obra seminal, define o ato do nascimento como "a primeira experiência da ansiedade", bem como "a fonte e o protótipo do afeto da ansiedade", em Rank, essa experiência assumirá um valor causal decisivo. Rank sublinha a importância da separação do corpo da mãe e da perda da situação de prazer própria da vida intrauterina, trauma que, para ele, será a fonte de todas as neuroses e a chave para sua cura. A separação biológica da mãe desdobra-se, portanto, no protótipo de uma angústia psíquica. Enquanto Freud considera que as modalidades psíquicas e fisiológicas do nascimento constituam uma causa de angústia, mas sustenta que a fonte mesma das neuroses seja de ordem sexual, para Rank, toda e qualquer angústia neurótica repete os fenômenos fisiológicos do nascimento.

A argumentação articula-se em três eixos: o exame das provas clínicas da continuidade do trauma do nascimento na vida infantil e adulta (CAPÍTULOS I a IV), exame das provas culturais (CAPÍTULOS V a IX); ou seja, a origem inconsciente da adaptação simbólica na arte, na filosofia e na religião e, num terceiro e último momento, a via da análise psicanalítica é retomada (CAPÍTULOS X e XI) para que, dentro dos sempre reiterados limites da terapia e do conhecimento psicanalítico, sejam vislumbradas hipóteses de superação desse trauma primitivo. Nota-se que Rank se apoia em observações psicanalíticas mas, principalmente, em abundantes referências mitológicas e rituais sociais. Assim, o estudo se organiza em torno da dupla ideia de uma causa original e do esforço para reagir a ela. Nesse sentido, a absorção pela consciência do trauma inicial seria uma condição fundamental do processo de humanização. Ainda que pareça uma ambição desmedida, é preciso observar que esses dados receberam por parte de Rank uma atenção maior que a psicanálise da época lhes dedicava. A gama de autores e exemplos citados mostra a extensão do saber mobilizado por Rank para se atingir esse resultado final.

Com exceção de Ferenczi, a recepção da obra foi bastante controversa. A crítica mais dura veio de Abraham, que acusou Rank de "regressão científica", além de vincular suas teorias aos conflitos familiares pessoais – a relação problemático com o pai. Sachs e Jones criticam a "composição defeituosa" do estudo e a gratuidade das "especulações apresentadas como um dogma". É verdade que, em seus estudos anteriores, Rank procede de forma precisa, apoiando a argumentação em inúmeros exemplos. Já em *O Trauma do nascimento*, ele não esclarece sua técnica nem apoia suas demonstrações em materiais clínicos. No posfácio à edição francesa, Claude Girard observa que "uma demonstração rigorosa, lógica, apoiada em referências sólidas, teria sido necessária, uma vez que o trauma do nascimento é mais fundamental, mais universal, mais recalcado e insconsciente que o complexo de Édipo"[1].

Quanto a Freud, este permanece neutro num primeiro momento que o estudo de Rank não consiste nem em contradição nem em revolução, mas tão somente numa ampliação de suas próprias perspectivas. Dedicado ao mestre, o *Trauma do nascimento* determinaria o afastamento de Rank e Freud. De início, assustado com a violência das críticas a Rank, que extrapolaram os limites científicos, e em virtude do elo que ainda cultivava com este, Freud intervém, sugerindo que aquele se submeta a algumas sessõe de análise. Rank finge acatar a ideia, mas parte para os Estados Unidos, onde uma carreira promissora o aguarda. A primeira crítica mais formal vem em *Inibição, sintoma e angústia* (1926), onde coloca a obra senão no centro, ao menos no pano de fundo de sua refutação da teoria da angústia,

---

1. Otto Rank et le traumatisme de la naissance. In: RANK, Otto. *Le traumatisme de la naissance*. Trad. S. Jankélévitch. Paris: Payot, 2002. p. 278.

Freud recusa contudo a ambição explicativa do trauma do nascimento, na medida em que o aspecto visual é ausente no feto, enquanto que Rank defende uma rememoração visual até as fobias. Outra ressalva é a de que o trauma do nascimento serviria contraditoriamente para evocar o trauma da ruptura e a nostalgia da fusão. Mais tarde, pressionado pelo membros do comitê a adotar uma posição mais enérgica, Freud retira paulatinamente seu apoio, até apontar os aspectos negativos da obra: ausência de material apresentado e de técnica analítica e entusiasmo militante. Assim, em 1932, ele retoma e aprofunda suas primeiras ressalvas nas *Novas Conferências sobre psicanálise* (1932) e por fim, em 1937, em *Análise terminada e interminável*, evoca inovações técnicas de Rank como uma falsa esperança.

A recepção mais atual do livro demonstra que muitas das suas ideias foram simplificadas ou até mesmo deformadas por seus contemporâneos. Devido às circunstâncias da publicação, os acertos de Rank estavam fadados a serem encobertos por seus equívocos. É verdade, por exemplo, que Rank se arriscou ao pretender uma argumentação biológica quando lhe faltava a autoridade de uma formação médica para reforçar seu ponto de vista; no entanto, o ponto central da obra é psicológico, e não biológico, pois a separação da mãe é indiscutivelmente traumática para a criança. Além disso, esse primeiro trauma funciona muito bem como protótipo para todas as separações posteriores: o desmame, a ida para a escola, o conflito edipiano etc. Se, por um lado, o livro parece a seus contemporâneos uma síntese apressada e equivocada de uma discussão em voga na época, por outro, deixaram escapar sua contribuição decisiva: a fantasia de retorno ao corpo materno (*Mutterleibsphantasie*). Trata-se de uma ideia, vale lembrar, formulada por Rank numa época em que o recém-nascido era considerado um ser de reflexos inconscientes. Ele introduz, portanto, a ideia de que a criança acumula experiências antes, durante e após o parto – experiências que perduram de modo enigmático ao longo da vida, e que são significativas para nosso autoconhecimento. Deste modo, com sua descrição da fase pré-edipiana (que ele também inaugura conceitualmente), ele pôde deduzir o desenvolvimento emocional e as experiências da criança desde antes da fala até o período pré- e durante o nascimento. Com essa valorização dos estágios precursores da situação edipiana, deu um passo além no estudo das psicoses. Como destaca Girard, as propostas de Rank contribuíram para abrir uma via à investigação das patologias arcaicas e, ao mesmo tempo, das relações precoces entre a criança e a mãe. Além disso, esses temas – a importância da relação com a mãe, o acento sobre as angústias humanas mais arcaicas, as condições prévias da angústia de castração – ainda eram uma novidade na literatura psicanalítica dos anos 1920 (*op. cit.*, p. 283).

Na biografia em que procura varrer as especulações e meia-verdades que permearam a trajetória de Rank,[2] Lieberman chama a atenção para o caráter ambivalente que o *Trauma do nascimento* significou para a psicanálise. Rank estabelece a separação da mãe como o protótipo de todas as angústias; a mãe seria, portanto, o ponto de partida, tanto do bem-estar (o útero) quanto da dor (o nascimento). Ora, como o nascimento não imprimia memória consciente (ao contrário do desejo edipiano e de alguns fantasmas e experiências), trabalhar completamente o conflito neurótico durante a análise poderia significar, para o paciente, experimentar pela primeira vez certos sentimentos, como a angústia da separação original. Eis uma ideia que, segundo Lieberman, "trazia bastante água para o moinho da psicanálise". Mas, na sequência, Rank fizera uma descoberta menos confortável sobre o funcionamento emocional humano, ao afirmar que, na transferência, o analisando identificava o analista antes com sua mãe do que com seu pai. Essa ideia manchava a imagem do patriarca, tanto na teoria quanto na vida real, uma vez que a perspectiva freudiana era essencialmente masculina. Hoje, quando já nos é óbvio que a relação entre a mãe e a criança é essencial na primeira fase formativa, nos esquecemos do quanto a psicologia de Freud era centrada na figura do pai. Rank tinha consciência disso, e é nesse sentido que Lieberman o define como "o primeiro feminista do círculo freudiano".[3]

Sem restringir-se a uma concepção clássica do complexo de Édipo, Rank interessou-se sobretudo pela relação precoce (e pré-edipiana) entre a criança e a mãe e também, de maneira inédita, pela sexualidade feminina. De um contexto patriarcal, que centrava o interesse psicanalítico no pai e no conflito edipiano clássico, Rank dá lugar a uma definição do materno e do feminino e, portanto, a uma crítica radical do sistema de pensamento do primeiro freudismo, fundado no papel do pai e no falocentrismo.

Promover esse abalo na imagem do "pai" fez com que Rank vivenciasse o próprio trauma do nascimento psicológico. Pouco tempo depois da publicação da obra, ele deixou sua Viena natal, sua família e seu "pai" adotivo,

---

2. LIEBERMAN, E. J. *Actes of will. The life and work of Otto Rank*. Nova York: The Free Press, 1985. p. 265 ss.
3. No prefácio à tradução americana da obra, que foi reproduzido na atual edição alemã: *Das Trauma der Geburt und seine Bedeutung für die Psychoanalyse*. Gießen: Psichosozial-Verlag, 2007. p. X.

para firmar-se como psicanalista num terreno que lhe seria menos hostil – nos Estados Unidos e em Paris. A relação estremecida com Freud foi fundamental para esse passo.[4] Ao retirar paulatinamente seu apoio, obrigou Rank a defender-se, talvez pela primeira vez em sua vida. O último encontro entre os dois ocorre em 1926, quando Freud já se encontra gravemente doente. Rank o visita em Viena e o presenteia com as obras completas de Nietzsche. Eles até conversam amistosamente, mas o elo já fora rompido. Sobre essa última visita, Freud escreveria a Ferenczi: "Nós lhe damos muito mas, como retorno, ele fez muito por nós. Portanto, estamos quites! Na ocasião de sua última visita, não pude expressar a ele toda afeição que lhe dedico. Fui honesto e duro. Agora podemos riscá-lo de nosso círculo"[5].

Após uma campanha de difamação orquestrada entre outros, por Jones – mas sem contar a participação de Freud – Rank foi expulso da *American Psychoanalytic Association* (APsaA) em 1930 e, em seguida, da Associação Internacional de Psicanálise. Todos os psicanalistas americanos formados por Rank foram obrigados a submeter-se a sessões de análise, sob o risco de perderem suas licenças. Mesmo desfiliado das associações, Rank continuou seu trabalho de psicanalista – e sem jamais se tornar um antifreudiano. Em Paris, para onde se muda no início dos anos 1930 com a mulher e a filha, ele conhece Anaïs Nin (1903-1977), de quem foi o último analista. A tumultuada relação entre os dois, que custou o casamento de Rank, foi revelada em 1995 pelo biógrafo de Nin, Deidre Bair.

O final dos anos 1920 e o início dos 1930 marcam a fase mais produtiva de Rank, quando ele publica vertiginosamente. São dessa fase suas obras *Técnica psicanalítica* e *Elementos para uma psicologia genética baseada na psicanálise da estrutura do Eu*, nas quais Rank fundamenta suas concepções a respeito da psicologia do eu e da psicoterapia de curta duração – cujas bases foram lançadas pelo *Trauma do nascimento*. Em 1934, ele se transfere definitivamente para Nova York, onde passa a desenvolver um trabalho direcionado à educação e ao desenvolvimento infantil. Em outubro de 1939, Rank foi acometido por uma septicemia, decorrente dos medicamentos que ingeria. Casado há menos de um ano pela segunda vez e definitivamente instalado nos EUA, ele morreu algumas semanas depois de Freud.

---

4. Para uma interessante análise da relação entre Rank e Freud, sob uma perspectiva psicanalítica, ver OLIVEIRA, Luiz Eduardo Prado de. *L'invention de la psychanalyse. Freud, Rank, Ferenczi*. Paris: Campagne Première, 2014.

5. FREUD, Sigmund; FERENCZI, Sándor. *Briefwechsel* [Correspondência]. Frankfurt a. M.: Fischer, 1980.

OS DESDOBRAMENTOS DO "TRAUMA"

Dentre os primeiros discípulos de Freud, só Otto Rank não dispunha de um diploma em medicina. E talvez por isso tenha sido o que mais se empenhou em tornar fértil o pensamento psicanalítico, emancipando-o dos limites do "tratamento" de doentes. Pela amplitude de seu conteúdo, *O Trauma do nascimento* foi considerado por muitos antes uma obra de artista do que de psicanalista – comentário de que o próprio Freud chegou a ser alvo. No entanto, o diálogo entre a psicanálise e as outras áreas das humanidades é um dos méritos incontestáveis dessa obra. Rank é um intérprete virtuoso do desenvolvimento do espírito humano e de suas criações, que vê o homem como um ser dotado de criatividade e a evolução cultural humana como uma rede de compensações criativas. Escritor engenhoso, ele traça um envolvente roteiro do desamparo que experimentamos no início de nossa existência: esse poderoso sentimento, que gera um anseio de retorno ao útero materno, está na raiz de todos os esforços humanos que visam a recriar a segurança primária no mundo exterior – e que, por sua vez, assume para nós o papel da mãe. Passamos a vida a elaborar a angústia do nascimento e a buscar a superação desse trauma. Recalcamos o trauma inicial e a lembrança desse estágio anterior ao nascimento, mas produzimos seus sucedâneos em todos os âmbitos da vida. Estamos ancorados a ela, em grande parte, com angústia, o que nos impede, por um lado, de regredir ao estado fetal inconsciente e, por outro, de nos matar. A epígrafe nietzscheana é uma síntese primorosa do sentido do livro, mas também um indício do que aguarda o leitor. As múltiplas variações que o tema do trauma do nascimento assume nas diferentes produções da cultura são a prova do vigor intelectual que a psicanálise pode alcançar.

Mas o livro também incorpora um elemento traumático que ultrapassa os limites de seu conteúdo e atinge seu autor. No capítulo final, Rank escreve que seu trabalho foi concebido como uma "espécie de conclusão da descoberta de Breuer e da concepção e elaboração desta por Freud". Com isso ele afirma, por um lado, sua vinculação a uma tradição de pensamento; mas, por outro, procura emancipar-se dela postulando, como já vimos, o caráter determinante do trauma do nascimento na formação das neuroses. Como bem formula Lieberman, não seria possível que ele alçasse voo e retornasse ao ninho.[6] A noção de "nascimento" [*Geburt*], tão significativa no pensamento de Rank e em seu projeto genealógico, assumiria agora sua

---

6. FREUD, Sigmund; FERENCZI, Sándor. *Briefwechsel*. Frankfurt a. M.: Fischer, 1980. p. XIII.

justa dimensão. Essa ideia do *nascimento* – ou da *origem* – como um ponto de partida doloroso, marcado pela despedida da proteção materna e pelo início dos males da existência, aparece em dois de seus títulos mais importantes e também na sua obra preferida de Nietzsche, *Sobre o nascimento da tragédia*, a que recorre em diversos momentos (como na já mencionada epígrafe). Nesse sentido, não seria temerário ver em sua teoria do trauma do nascimento uma espécie de extensão do período pré-edipiano de sua aprendizagem junto ao "pai da psicanálise".

No *Mito do nascimento do herói*, Rank mostra como, nas lendas, o conflito com o pai é evocado através da revolta que causa o "segundo nascimento" do herói, transformando-o em reformador. Longe de ser fruto de uma revolta, o *Trauma do nascimento* foi de fato concebido como uma homenagem de Rank a seu mestre e "pai" adotivo. Mas o "conflito" era inevitável e, para que o "filho reformador" seguisse como psicanalista, só lhe restava "nascer de novo". E Rank nasceria agora pela terceira vez, pois a segunda foi quando adotou um novo nome, rompendo definitivamente com o pai verdadeiro.

Está em Freud a ideia que Rank reproduz aqui, de que o analisando, ao final da terapia, tem o desejo inconsciente de presentear o analista com um filho. Lieberman aponta uma irônica metáfora edipiana no desfecho da relação entre mestre e discípulo: esse livro foi o filho com que Rank quis presentear Freud – e este reagiu ao "presente" da mesma forma que Laio em relação a Édipo.[7] Como não queria matar pela segunda vez um pai, nem tinha mais lugar junto a ele, Rank foi para longe – mas, ao contrário do que fez com seu pai biológico, nunca rompeu por completo com suas raízes. Estabelecido nos Estados Unidos, ele se tornou o "pai" da terapia de curta duração – condizente com o ritmo de vida americano – e seguiu contribuindo de forma significativa para o desenvolvimento da psicanálise, sem jamais adotar uma postura anti-freudiana. Porém, como a nostalgia de um retorno às origens não aplaca o trauma da ruptura, a tradução americana de *O Trauma do nascimento* foi publicada sem a dedicatória original.

*Érica Gonçalves de Castro**

---

7. FREUD, Sigmund; FERENCZI, Sándor. *Briefwechsel*. Frankfurt a. M.: Fischer, 1980. p. XIII.

*. Doutorado em Literatura Alemã e Pós-Doutorado em Teoria Literária pela Universidade de São Paulo. Tradutora, ensaísta e autora de *A aprendizagem da Crítica – Literatura e História em Walter Benjamin e Antonio Candido* (Ed. Intermeios). (N.E.)

NOTA PRELIMINAR

As considerações que se seguem representam uma primeira tentativa de aplicar as concepções psicanalíticas à compreensão da evolução global da humanidade, e mesmo do processo de humanização; ou, para dizer de forma mais exata, não exatamente aplicar – pois não se trata de uma das "aplicações da psicanálise às ciências humanas" usuais – mas, antes, de tornar fértil o pensamento psicanalítico, visando nossa concepção geral do homem e da história da humanidade, a qual, em última instância, representa a história do desenvolvimento do espírito humano e de suas criações.

Essa perspectiva singular e que ainda não pode ser compreendida de forma muito clara, nos foi aberta graças à imensa expansão da consciência possibilitada pela psicanálise, e que agora nos permite reconhecer o lado mais profundo do inconsciente e compreender suas ações. Uma vez que o conhecimento científico corresponde apenas a uma apreensão consciente daquilo que antes estava latente, então cada parte da expansão da consciência que adquirimos através da análise transforma-se em compreensão. Deste modo, fica evidente que, num ponto bastante específico do conhecimento psicanalítico – do qual trataremos em breve – também toda uma parte da evolução orgânica ou biológica só pode ser "compreendida" a partir do psíquico; isto é, deste "psíquico" do qual faz parte, ao lado de todos os resquícios da evolução, nosso próprio aparelho cognitivo, cuja eficácia e produtividade aumentaram significativamente, graças ao progresso de nosso conhecimento acerca do inconsciente.

Ao tomar algumas novas experiências psicanalíticas como ponto de partida para considerações muito mais abrangentes e conhecimentos mais gerais, acreditamos ter introduzido algo essencialmente diverso da "aplicação" da psicanálise realizada até então, na medida em que valorizamos o fato de termos nos libertado de uma superestimação da teoria psicanalítica do inconsciente "aplicada" à terapia, sem com isso abandonarmos os limites da concepção psicanalítica; pelo contrário, procuramos ampliá-lo em ambas as direções. Não é por acaso que a psicanálise, tão logo ela tenha começado a evoluir de um procedimento terapêutico para uma teoria da vida psíquica inconsciente, quase ao mesmo tempo em que se afastava de seu domínio de origem – a medicina – estendeu-se fecundamente a quase todas as ciências humanas, para finalmente se tornar um dos mais vigorosos movimentos intelectuais de nossa época. Se o homem psiquicamente doente – graças a quem a psicanálise foi descoberta e desenvolvida – continuar sendo o humo para as pesquisas futuras e para a estruturação da teoria, então essa origem hoje fica tão desprovida de importância quanto o lugar de onde partira Colombo e que, no entanto, oferecera ao sagaz navegador os meios práticos para sua grande viagem plena de descobertas.

Depois de, num primeiro momento, procurarmos esboçar uma breve história do desenvolvimento da psicanálise, tal como resultou da aplicação consequente do método criado por Freud e da teoria à qual ela serviu de base, pretendemos adquirir, a partir dessa mesma base, conhecimentos muito mais enriquecedores e gerais, através da percepção imediata do inconsciente. Aquele que está familiarizado com o movimento singular da pesquisa psicanalítica, não ficará surpreso com o fato de que ela – que, tanto nos detalhes quanto no todo, começa pela superfície psíquica – à medida em que penetra nas profundezas mais recônditas e menos acessíveis da alma, sempre acaba por se deparar com seus limites naturais e, ao mesmo tempo, também com sua fundamentação. Após uma ampla exploração do inconsciente, de seus conteúdos psíquicos e dos complicados mecanismos de sua transposição em consciência, chegarmos à análise dos homens anormais, e também dos normais, da origem última do inconsciente psíquico no psicofísico, e que agora também podemos tornar compreensível biologicamente. Ao tentarmos, pela primeira vez, reconstruir o trauma do nascimento, aparentemente corporal, em suas imensas consequências psíquicas, para o desenvolvimento geral da humanidade a partir de experiências analíticas, logramos reconhecer nele o último substrato biologicamente compreensível do psíquico, chegando assim ao exame do fundamento e do núcleo do inconsciente, sobre cuja compreensão se ergue a estrutura criada por Freud da primeira psicologia abrangente e fundamentada psiquicamente. Nesse sentido, as considerações que se seguem só são possíveis e inteligíveis devido ao conjunto dos conhecimentos, elaborados psicanaliticamente, acerca da estrutura e das funções de nosso aparelho psíquico.

Uma vez que é possível fundamentar biologicamente o inconsciente, isto é, o psíquico propriamente dito, tal como descoberto e explorado por Freud, então coloca-se como segundo objetivo deste trabalho, o estabelecimento de um quadro sintético de toda a evolução psíquica da humanidade, colocando-a em relação com esse mecanismo biológico do inconsciente, tal como ele se apresenta a partir do significado já conhecido analiticamente do trauma do nascimento e das tentativas sempre reiteradas de superá-lo.

É nesse momento que nos surpreendemos em perceber com que facilidade os conteúdos manifestos das produções intelectuais do homem conseguem se ligar às camadas biológicas mais profundas do inconsciente, de modo que a base e o topo se correspondem e se complementam harmonicamente. Ou, como escreveu o próprio Freud em seu trabalho inaugural: "O que faz parte das camadas mais profundas da vida psíquica individual torna-se, por meio de uma elaboração ideal, uma das manifestações mais elevadas da alma humana no sentido de nossos valores"[1].

Na sequência, ao procurarmos acompanhar o mecanismo dessa "elaboração ideal" na evolução do homem até o domínio biológico, constataremos que, através e a despeito de todos os complicados processos de transformação do inconsciente – e que só conhecemos pela psicanálise – o conteúdo biológico mais profundo quase não se modifica, permanecendo irreconhecível apenas por nosso recalcamento interno e, contudo, evidente até mesmo em nossas produções intelectuais mais elevadas. Pela primeira vez, torna-se paupável uma lei psicobiológica normal e de validade geral, cujo significado integral não pode ser nem apreciado nem esgotado no âmbito das considerações aqui esboçadas. O principal objetivo deste trabalho é chamar a atenção para essa lei de formação biologicamente fundamentada que determina os conteúdos de nossas produções intelectuais e entrever os problemas que ela suscita, sem contudo pretender resolvê-los. Conseguir ao menos colocar o problema central e arriscar os primeiros passos para sua solução é algo que devemos ao instrumento de pesquisa e ao modo de pensar que Freud, com sua psicanálise, colocou em nossas mãos.

---

1. *Das Ich und das Es* [O Ego e o Id], 1923. p. 43.

A SITUAÇÃO ANALÍTICA

Uma vez que me proponho a prosseguir nessa exploração do inconsciente, tendo por base experiências e observações psicanalíticas, gostaria de evocar um princípio de trabalho que até o presente momento guiou de forma essencial a pesquisa psicanalítica. Freud já observou que a psicanálise propriamente dita foi descoberta pela primeira paciente que Breuer tratara no ano de 1881, e cuja história de sua doença (*Anna O...*) seria publicada anos depois nos *Estudos sobre a histeria* (1895). A jovem, que durante suas crises só entendia inglês, denominou a essas conversas com seu médico durante seu estados hipnóticos de *talking cure* (cura pela conversação) ou, de forma mais lúdica, de *chimney sweeping* (limpeza da chaminé). Anos depois, quando as experiências e os resultados da psicanálise, com seu caráter surpreendentemente novo, ganharam inimigos e foram criticados como sendo um produto diabólico da imaginação corrompida de Freud, este se defendia desses ataques insanos afirmando que nenhum cérebro humano seria capaz de inventar fatos e associações desse tipo, caso esses não lhe tivessem sido impostos por uma série de observações da realidade. Nesse sentido, podemos afirmar que não apenas a ideia fundamental da psicanálise, mas também sua elaboração ulterior se devem, em grande parte, aos doentes que, numa contribuição louvável, forneceram os materiais que permitiram que Freud convertesse sua observações parciais isoladas, desordenadas e de pesos variados, em conhecimentos e leis gerais.

Ao seguirmos nessa via que a análise percorre passo a passo, lutando contra todo tipo de resistências, também confirmamos a pertinência da afirmação de Freud de que o paciente de alguma forma sempre teria razão, mesmo se não soubesse o que de fato se passava com ele; cabe ao analista apontar-lhe as relações reprimidas mediante o preenchimento das lacunas amnésicas, desvelando assim o "sentido" da doença e de seus sintomas. Do ponto de vista psicológico, portanto, o doente tem razão, uma vez que o inconsciente se manifesta através dele – ainda que em deformação patológica – tal como, desde sempre, também ocorre com o gênio, o vidente, o fundador de uma religião, o artista, o filósofo e com o autor de uma grande descoberta. Pois não é somente o conhecimento psicológico que repousa sobre uma intuição psíquica, que é uma apreensão e uma compreensão progressivas do inconsciente, mas também a própria capacidade de conhecer pressupõe uma eliminação ou superação dos recalcamentos, atrás dos quais escondemos aquilo que procuramos. O valor científico da psicanálise praticada em terceiros reside no fato de que ela nos permite suprimir, nos outros – em geral às custas de muito esforço – os recalcamentos que não conseguimos perceber em nós mesmos e, desta forma, ter acesso a novas regiões do inconsciente. Se recorro a esse único método objetivo de exploração psicanalítica, é porque tive de optar, dentre uma infinidade de impressões concordantes, por mais uma vez dar razão ao inconsciente, e em aspectos que, até hoje, só tínhamos ousado percorrer com incredulidade e hesitação.

Em uma série de análises concluídas de forma bem-sucedida, chamou minha atenção o fato de que, na fase final, o processo de cura se refletia com muita regularidade no inconsciente, na forma simbólica e bastante conhecida do nascimento. Num outro trabalho (concebido durante o inverno de 1921/1922), ainda inédito e intitulado "Sobre a compreensão do desenvolvimento da libido no processo de cura"[2], procurei analisar teoricamente esse fato associando-o a outras características próprias do processo de cura (entre outros, com a identificação com o analista). Neste trabalho, observei que se tratava claramente de uma fantasia conhecida, a do segundo nascimento, que exprime o desejo de cura do paciente – tal como os doentes costumam dizer, durante a convalescença, que se sentem "nascidos de novo". Destaco ainda, nesse trabalho, a passagem inequívoca da sublimação – que consiste no fato de o convalescente costumar dizer que se sente "nascido de novo" – à fixação infantil da libido, que encontra sua expressão no complexo de Édipo: renunciando à fantasia infantil de desejar – como a mãe – presentear o pai com um filho, ele se considera a si mesmo como o filho (espiritual) nascido de novo (do analista).

Ainda que o material analítico exposto sucintamente nesse trabalho, bem como todo o processo de cura justifiquem e confirmem plenamente essa perspectiva, causou-me um certo incômodo o caráter, por um lado,

---

2. Zum Verständnis der Libidoentwicklung im Heilungsvorgang. *Internationale Zeitschrift für Psychoanalyse* [doravante apresentado como *Zschr.* (N.E.)], 1923. IX, 4.

infantil e, por outro, "anagógico" da "fantasia do segundo nascimento", à qual Jung, deixando de lado suas tendências libidinosas, já avaliara de forma superestimada e teoricamente equivocada. A existência de tal encadeamento de ideias jamais foi negada;[3] o que me incomodava, porém, era apenas o fato de que não tínhamos o substrato real para algo do qual jamais havíamos sentido falta.

As coisas seguiam nesse ritmo quando, um dia, um caso especialmente claro me fez compreender que a resistência mais forte à dissociação da libido de transferência, na fase final da análise, era expressa na forma da fixação infantil pela mãe. Em vários sonhos ocorridos nessa fase final, impunha-se com frequência o fato incontornável de que essa fixação pela mãe, que parecia subjacente à fixação analítica, continha a relação primordial, puramente fisiológica, entre a criança e o corpo materno. Desse modo, também a regularidade da fantasia do segundo nascimento tornou-se compreensível do ponto de vista analítico, bem como seu substrato real. A "fantasia do segundo nascimento" do paciente revelou-se como a simples repetição do seu nascimento durante a análise, pois a dissociação do objeto da libido (o analista), cria a impressão de uma repetição exata da primeira dissociação do primeiro objeto libidinal – a separação do recém-nascido da mãe.

Uma vez que os pacientes – sem distinção de sexo – pareciam criar para si essa situação final, com regularidade e sem influência do analista que, por sua vez, ainda ignorava o que se passava, ficou claro que um significado teórico deveria surgir dali, e que isso só dependeria da coragem de seguir o inconsciente também por essa via, e de levá-lo a sério. E então constatamos, de forma inequívoca, que a etapa essencial do trabalho analítico, a supressão e a libertação da libido fixada "neuroticamente" no analista, consiste em nada mais nada menos do que permitir que o doente reproduza, na análise, e de forma mais completa, a sua separação do corpo da mãe. O que não deve, de forma alguma, ser tomado no sentido metafórico, nem tampouco psicológico: na situação analítica, o paciente reproduz por assim dizer, biologicamente, o período de gestação e, no fim da análise, na separação do objeto de substituição, ele reproduz o ato do nascimento, praticamente em todos os seus detalhes. E, assim, a análise se revela, em última instância, como sendo a realização ulterior do trauma, ainda não completamente superado, do nascimento.

---

3. Ver FREUD, S. Aus der Geschichte einer infantilen Neurose [Da história de uma neurose infantil]. *In: Kleine Schriften IV*, p. 691 ss; e a discussão relacionada a essa questão, e que tentaremos retomar e concluir no CAPÍTULO X.

Essa conclusão, à qual necessariamente cheguei através de uma infinidade de materiais dos mais diferentes tipos, principalmente através da análise de sonhos, foi publicada num trabalho de maior fôlego e, logo em seguida, veio a despertar em mim mesmo algumas objeções, às quais apenas aludirei aqui, posto que minhas experiências posteriores não as confirmaram. Eu me perguntei se, por meio de minha individualidade ou de um domínio específico da técnica que, segundo o método clássico freudiano, adota como ponto de partida – porém, não como ponto de chegada – a decomposição dos "complexos", não faria retroagir o eu do paciente para posições libidinais cada vez mais anteriores,[4] de modo que, ao fim, não surpreenderia se a libido fosse levada a buscar refúgio no estágio intrauterino. Talvez também pudéssemos acreditar que isso se devesse a análises que se estenderam por um período demasiadamente longo. No entanto, gostaria de destacar que, em primeiro lugar, não se tratava de um mero fenômeno de regressão, no sentido de uma "fantasia uterina" já há muito considerada pela análise como uma das fantasias primordiais mais típicas, mas sim de reproduções realizadas sob a influência de uma coerção de reprodução real; em segundo lugar, destaco que minhas análises, até onde sei, estão entre as mais curtas temporalmente, transcorrendo durante um período de quatro a, no máximo, oito meses.

Mas esses e outros questionamentos semelhantes, que eu mesmo me fiz no início, logo desapareceram por completo diante da surpreendente percepção que tive ao concentrar a atenção analítica nesses fatos: também os pacientes, mesmo que ainda livre de influências teóricas ou terapêuticas, mostravam, desde o início, a mesma tendência em identificar a situação de análise com a situação intrauterina. Em alguns dos mais diversos casos de neurose que comecei a tratar nessa mesma época, os analisandos – tanto homens quanto mulheres – logo identificavam o analista, de modo inequívoco, com a mãe, transportando-se a si mesmos, em seus sonhos e em outras reações, para a situação pré-natal.[5] Com isso, a verdadeira libido de transferência que, em ambos os sexos, cabe ao analista suprimir por meio da análise, é uma libido maternal, tal como ela se dá no elo fisiológico pré-natal entre a criança e mãe.

---

4. De modo análogo, Ferenczi concebe o processo orgânico de dissociação que ocorre na paralisia progressiva (Hollós-Ferenczi, *Zur Analyse der paralytischen Geistesstörung* [Sobre a análise do distúrbio mental paralítico], Beiheft V, 1922).

5. Também apresentarei esses materiais relativos a essa questão numa publicação que venho preparando sobre: "A técnica da interpretação dos sonhos na psicanálise".

Uma vez mais familiarizados com essa perspectiva, é como se sempre tivéssemos trabalhado implicitamente com ela ou, melhor dizendo, de forma inconsciente. Mas, ao mesmo tempo, constatamos com surpresa a abundância de provas de sua existência, e como o lado obscuro e enigmático da análise, e principalmente do processo de cura, desaparece subitamente assim que conseguimos compreender a verdadeira essência e o significado real desse fato de maneira consciente e plena.

Em primeiro lugar, a própria situação analítica, que se desenvolveu a partir de uma situação de hipnose,[6] parece impor uma comparação entre o inconsciente e o estado primitivo: o ambiente tranquilo, num espaço à meia-luz, o vaguear num estado imaginário praticamente isento das obrigações práticas (alucinação), a presença e, ao mesmo tempo, a invisibilidade do objeto da libido (o analista) etc. Dessa concepção inconsciente da situação analítica explica-se facilmente que o paciente, com suas alucinações, cujo objetivo inconsciente é a situação primitiva materna, retroceda espontaneamente à infância, conduzindo, deste modo, o analista ao significado de seu material infantil. As associações assim orientadas, também a partir da consciência, correspondem a uma aproximação assintomática dessa atitude de transferência primária, na qual se encontra desde o início o inconsciente do paciente.

Dessa forma, a intensificação das lembranças durante a análise, principalmente das impressões esquecidas (reprimidas) da infância, assim como o que acontece na hipnose, explica-se pela tendência do insconsciente – encorajada pela "insistência" do médico (transferência) – de reproduzir "o autêntico", a saber, a situação primitiva, como acontece de forma automática, por exemplo, no estado hipermnésico análogo do sonho, em certos estados neuróticos (*double conscience*) ou em certas regressões psicóticas (o chamado "pensamento arcaico"). Nesse sentido, todas as recordações infantis podem, de certa forma, ser consideradas como "recoradações encobridoras", e toda a capacidade de reprodução se daria, de um modo geral, graças ao fato de que a "cena original" nunca pode ser relembrada, porque a mais penosa de todas as "lembranças", o trauma do nascimento, está relacionada a ela de forma "associativa". A certeza quase inacreditável da técnica da "associação

---

6. O sono hipnótico, que, como todos os estados semelhantes, ocorre nos sonhos de "segundo" nascimento como um elemento típico do estado intrauterino, nos permite supor que a natureza mesma da hipnose, assim como a sugestionabilidade hipnótica remete à relação primitiva entre a criança e a mãe. Poul Bjerre já exprimira, há muitos anos, uma opinião análoga (*Das Wesen der Hypnose* [A natureza da hipnose]).

livre" atingiu por essa via sua fundamentação biológica. Não vamos contudo ceder à tentação de explorar todo o problema psicofísico da memória a partir desse aspecto fundamental, que é o ponto de partida do processo de recalcamento que, do ponto de vista analítico, dever ser levemente regressivo.[7] Só deve ser expressa aqui a hipótese de que o recalcamento primitivo do trauma do nascimento seria a causa da memória em geral, ou seja, da faculdade parcial de perceber; portanto, do fato de que o detalhe isolado, no sentido de uma seleção, permanece preso porque, por um lado, é atraído pelo recalcamento primitivo para, por outro, ser reproduzido posteriormente, a título de substituição daquilo que é realmente reprimido – o trauma primitivo.[8]

Essa fase primordial de ligação com a mãe, vivenciada de forma real pelo sujeito, encontra-se em perfeita sintonia com sua resistência, durante a análise, em ser reconduzido ao pai (o substituto), que foi o primeiro motivo de separação da mãe e o primeiro e mais longevo inimigo. Ao analista que, durante o tratamento, representa os dois objetos da libido infantil, cabe a tarefa de romper com a fixação original na mãe – o que o paciente não está em condições de fazer sozinho – e de torná-lo capaz de continuar esse processo de transferência – de acordo com o sexo do paciente, à imagem do pai ou da mãe. Uma vez que o analista consiga superar, em primeiro lugar no que diz respeito à sua própria pessoa, a resistência original representada pela fixação na mãe, então ele impôs à análise um limite fixo, no interior do qual o paciente se separa, de forma automática e mais uma vez, da figura que substitui a mãe, reproduzindo assim o ato do nascimento – um "segundo" nascimento. Com isso, responde-se à questão, sempre levantada, de saber quando uma análise chegou a seu termo. Ou seja, é naturalmente necessário determinar a duração desse processo, e sua explicação e justificativa biológicas são obtidas por meio da concepção de que a análise deve proporcionar ao paciente a execução ulterior do trauma do nascimento por

---

7. Ver CAPÍTULO XI.
8. A discussão detalhada desse tema nos levaria muito longe. No caso de uma paciente dotada de memória fenomenal, a análise permitiu estabelecer que toda sua arte se baseava numa repressão intensa de um grave trauma do nascimento. Seu aparelho de associações se fundava numa quantidade incalculável de datas referentes ao nascimento de parentes, de conhecidos, de personagens históricas e essas datas lhe serviam de ponto de partida para outras associações concretas. Esse fato lança uma nova luz sobre a análise, que se tornou tão problemática, das chamadas "ideias de números", nas quais os pacientes citam números sem nenhuma relação ou intenção aparente, mas que teriam as datas de nascimento como centro de associações. Ver também o que afirmaremos mais adiante sobre o tempo.

um determinado período de tempo, passível de ser regulado a longo prazo do ponto de vista terapêutico.[9] É claro que, por trás de todas essas resistências, o paciente dissimula seu desejo de prolongar infinitamente a situação analítica que tanto o satisfaz,[10] o que, desde o princípio, deve ser objeto da análise de sua tendência à fixação.

Também chegamos a isso pela observação rigorosa da regra freudiana que prescreve o exame diário do paciente sempre pelo mesmo período de tempo: uma hora. Cada uma dessas horas representa para o inconsciente do paciente uma pequena análise *in nuce*, com a nova fixação e a separação progressiva – o que os pacientes, no início, não suportam muito bem.[11] Eles já sentem a separação da mãe como uma "terapia ativa demais" enquanto que, por outro lado, a tendência de escapar do analista se revela, de modo geral, como uma tendência à repetição extremamente direta do trauma do nascimento, o qual a análise deve substituir por meio de uma separação gradual.

---

9. Ver a esse respeito minhas considerações no trabalho feito em colaboração com Ferenczi: *Entwicklungswege der Psychoanalyse* [Vias de desenvolvimento da psicanálise], 1924.

10. É sabido que, nesse âmbito, a duração costuma ser a de uma gestação (de 7 a 10 meses), o que porém não se refere apenas à conhecida "fantasia da gravidez" (ter um filho do pai), mas também, num sentido mais profundo, ao próprio nascimento. Ver a esse respeito os conhecidos procedimentos de cura de Déjérine, que tratou seus pacientes como se fossem prisioneiros: trancou-os num quarto escuro, onde recebiam a comida por uma pequena abertura; depois de um certo tempo, eles ficavam felizes de serem libertados daquele cárcere.

11. Muitos deles não conseguem esperar que o analista os dispense, e querem eles mesmos determinar o final da sessão e olham o tempo todo para o relógio; outros – ou ainda os mesmos – esperam pelo aperto de mão de despedida, e assim por diante. Ver também a descrição de Ferenczi de um sintoma passageiro de uma "sensação de vertigem ao final da sessão de análise" (*Zschr.*, 1914): o paciente reage ao trauma psíquico de uma separação repentina com um abalo de seu equilíbrio (sintoma histérico).

II
A ANGÚSTIA INFANTIL

A próxima conclusão a ser tirada desses fatos de experiência analítica e das considerações que sugerem, é a de que o inconsciente do paciente se utiliza da situação de cura da análise para repetir o trauma do nascimento e, assim, sentir-se parcialmente aliviado. No entanto, antes que estejamos em condições de compreender como esse trauma se manifesta nos sintomas isolados, temos de primeiro examinar sua manifestação no desenvolvimento do indivíduo normal, em particular durante a infância. Como linha-mestra, adotaremos o princípio freudiano de que todo sentimento de angústia remete, no fundo, à angústia psicológica do nascimento (dificuldade respiratória).[12]

Examinando dessa perspectiva o desenvolvimento psíquico da criança, podemos afirmar que, de forma geral, o homem parece precisar de muitos anos para superar esse primeiro e intenso trauma de uma maneira relativamente normal. Toda criança, de um modo geral, sente angústia e, do ponto de vista do homem médio, adulto e saudável, podemos dizer, com uma certa razão, que ele passou por uma neurose normal, e que só persiste na idade madura em certos indivíduos, os neuróticos – que por isso permaneceram infantis ou são assim designados.

Em vez de examinar inúmeros exemplos que apresentam o mesmo e simples mecanismo, tomemos o caso típico da angústia infantil, que ocor-

---

12. A palavra alemã *Angst*, empregada no original, pode ser traduzida tanto como angústia quanto como medo. Enquanto sensação psicológica, o medo se caracterizaria pela reação a partir do contato com algum estímulo físico ou mental; ou seja, seria desencadeado por um objeto determinado (como, por exemplo, o medo de animais). Já a angústia se pautaria pela ausência do objeto, consistindo numa reação do indivíduo desencadeada por lembranças traumáticas. Embora a teoria freudiana demonstre que essa distinção apresenta nuances que impedem seu emprego de forma unívoca, optamos por traduzir "*Angst*" como "medo", quando se tratar do sentimento despertado por uma causa concreta, e "angústia", quando se tratar de um sentimento ancorado no trauma primitivo. (N.T.)

re quando a criança é deixada sozinha num quarto escuro (geralmente o próprio quarto, na hora de dormir). Essa situação faz com que a criança, ainda próxima do trauma primitivo, se lembre claramente da situação intrauterina – porém com a diferença essencial de que, agora, a criança tem consciência de estar separada da mãe, cujo corpo parece ter sido substituído "simbolicamente" pelo quarto escuro ou pela cama quente. A angústia desaparece, segundo a brilhante observação de Freud, assim que a criança toma novamente consciência da existência (a proximidade) da pessoa amada (através do toque, da voz etc.).[13]

Neste simples exemplo, o mecanismo que desencadeia o medo (ou a angústia)[14] e que aparece quase da mesma forma em todos os indivíduos fóbicos (claustrofobia, fobia de túneis e assim por diante), pode ser entendido como uma reprodução inconsciente da angústia do nascimento e, ao mesmo tempo, como o fundamento real da simbolização: não menos importante é o significado da separação da mãe e o efeito tranquilizante "terapêutico" de estar de novo unido à ela, ainda que apenas parcial ou "simbolicamente".

Já que considerações mais abrangentes sobre essa perspectiva tão promissora estão reservadas para os capítulos posteriores, abordemos uma segunda situação de angústia infantil, também bastante típica e ainda mais próxima do conteúdo real e profundamente reprimido. Trata-se do medo de animais que atinge todas as crianças, e que não pode ser explicado somente pelo medo atávico da humanidade diante de animais predadores (carnívoros, como o lobo) e que viria a transformar-se num instinto fóbico hereditário. Caso essa explicação procedesse, esse medo não poderia ser relacionado aos animais domesticados já há vários séculos, e cuja inocuidade, da mesma forma que a periculosidade dos predadores, já fora constatada por inúmeras gerações de adultos. Seria então o caso de remontar aos primórdios do homem – ou mesmo aos seus ascendentes biológicos (como fizeram, por exemplo, Stanley Hall, entre outros), além dos ascendentes de nossos animais domésticos, para que se esclarecesse uma típica reação de medo que tem origem na nossa evolução individual. A escolha desse objeto de medo leva originalmente em conta as dimensões do animal com relação à criança (cavalo, boi etc.) e também momentos completamente

---

13. Ver: *Drei Abhandlungen zur Sexualtheorie* [Três tratados sobre teoria sexual], 1905. p. 72, nota.
14. Nesta passagem, a palavra *Angst* sintetiza os dois sentidos: num primeiro momento, o medo diante de um perigo concreto e, num segundo, a consequente evolução desse medo inicial para um estado de angústia. (N.T.)

diferentes e notadamente psicológicos ("simbólicos"). Conforme demostraram de forma inequívoca os analistas das fobias infantis, o tamanho ou a espessura (o volume do corpo) do animal que causa medo desperta na criança lembrança, nada vaga, da gravidade e, nesse sentido, os animais predadores oferecem, também para o psicólogo adulto, uma racionalização aparentemente satisfatória do desejo de retornar ao corpo animal da mãe – através da possibilidade de ser devorado. O significado do animal como um substituto do pai, que Freud, partindo da psicologia da neurose, tornou tão importante para a compreensão do totemismo, não apenas confirma nossas afirmações como também adquire uma profunda importância biológica, ao demonstrar que, por meio do deslocamento do "medo" para o pai (o animal totêmico, devorado por nós mesmos), é garantida essa necessidade da vida que é a renúncia à mãe. Pois esse pai temido impede o retorno à mãe, desencadeando, assim, a angústia primitiva, muito mais penosa e, de início, relacionada à genitália materna – o local do nascimento – e, mais tarde, aos seus substitutos.

O sentimento de medo dos animais menores, frequente e quase sempre misturado ao horror, apresenta o mesmo fundamento e a mesma origem, como revela o mal-estar despertado por esses objetos. A análise dessas fobias ou sonhos fóbicos que atinge da mesma forma mulheres e homens – ainda que esses com menos frequência – demonstra, com toda clareza, que o mal-estar provocado por esses pequenos animais rastejantes como ratos, serpentes, sapos, besouros etc., se deve ao fato de que desaparecem, sem deixar rastros, por pequenos orifícios. Eles representam assim o desejo de retorno ao refúgio materno bem como sua realização.[15] Contudo, enquanto os grandes animais despertam uma angústia que provém da situação (de medo) original, ainda que também reprimida, o mal-estar provocado pelos animais menores reside no perigo de que eles mesmos podem penetrar em nosso próprio corpo. Aliás, animais muito pequenos, como insetos por exemplo, já foram há muito considerados pela psicanálise como a repre-

---

15. Uma garotinha de três anos e meio tem medo tanto de cachorros, sejam eles grandes ou pequenos, quanto de insetos (moscas, abelhas etc.). Quando a mãe lhe perguntou porque ela temia aqueles bichinhos tão pequenos, que não poderiam fazer nada a ninguém, a pequena respondeu sem titubear: "Eles podem me engolir, sim!". Ao se aproximar de um cãozinho, ela tem as mesmas reações de defesa que uma mulher adulta diante de um rato: ela se abaixa, abraçando forte suas pernas, e desce tanto que seu vestido chega a tocar o solo e ela pode se cobrir com ele, como se quisesse impedir que o animal "penetrasse" nela. Uma outra vez, quando a mãe lhe perguntou diretamente o porquê de seu medo de abelhas, ela explicou, de forma contraditória, que ela tanto queria entrar na barriga da abelha quanto tinha medo disso.

sentação simbólica de crianças, embriões etc.; e não apenas por causa de seu tamanho reduzido, como também por sua capacidade de multiplicação (símbolo de fertilidade).[16-17] Mas eles se tornam um símbolo, ou melhor, um ideal fálico, precisamente por causa da capacidade de penetrar facilmente, uma vez que sua característica principal – seu tamanho diminuto – nos leva a interpretá-los como espermatozoides ou óvulos, aludindo diretamente ao corpo materno como sua morada. Assim, o animal (grande) é um símbolo maternal repleto, primeiro de prazer e, em seguida, de medo; mais tarde, o medo se desloca na direção de fobias inibidoras diante dos substitutos do pai para, finalmente, ser de novo revestido pela libido maternal pela via indireta da observação de animais grandes ou pequenos que simbolizam o feto ou o pênis.

Esses fatos se devem não apenas a uma série de animais pequenos, como também à ideia de uma alma animal presente na crença popular. A mais conhecida é a da serpente, cujo significado fálico também remete, sem dúvida, à facilidade com a qual ela penetra e desaparece na terra.[18]

É o que também se observa na crença nos espíritos animais dos australianos e de algumas tribos da Ásia Central, segundo a qual as crianças

---

16. Em Freud: *Massenpsychologie* [Psicologia das massas]. 1921, p. 126. Freud demonstrou, em relação ao medo de borboletas, que o abrir e fechar das asas seria o momento desencadeador da fobia, que evoca de forma inequívoca o órgão genital. (Ver também o mito, bastante difundido, das Simplégades.)

    A aranha é um símbolo claro da mãe hostil, em cuja teia somos aprisionados. Estabelecemos aqui um paralelo com a "fantasia inconsciente do nascimento", que um dos pacientes de Ferenczi anotou em seu diário durante um acesso de medo: "A hipocondria envolve minha alma, como uma fina névoa ou, antes, como uma teia de aranha que a recobre como flores mofadas sobre um pântano. Sinto como se estivesse enfiado num pântano desses, como se tivesse que tirar a cabeça para conseguir respirar. Como eu gostaria de rasgar essa teia. Mas não é possível! Tem alguma coisa que a prende – seria preciso arrancar as estacas que as sustentam. Se isso não é possível, então seria preciso ir se esgueirando aos poucos pela trama para ganhar um pouco de ar. O homem não está aqui para ser envolto nessa teia e sufocar, privado da luz do sol". (FERENCZI, *Introjektion und Übertragung* [Introjeção e transferência]. *Jahrbuch*, I, 1909. p. 450-1, nota).

17. As Simpléggades eram um par de rochedos que ficava no Bósoforo e que se moviam um contra o outro, num movimento de abertura e fechamento que fazia com que as embarcações afundassem. Segundo o mito grego, Jasão e os argonautas, prevenidos pelo sábio Fineu, conseguiram atravessá-lo recorrendo a um artifício: soltaram uma pomba para fazer com que os rochedos se movimentassem, e então, com a bênção de Atena, conseguiram atravessá-los quando se afastaram. (N.T.)

18. Acredito que faça parte do mesmo círculo de representações a característica de algumas serpentes maiores de engolir suas presas inteiras e ainda vivas, provocando o inchamento de seu corpo, como certamente é o caso da sua troca de pele (segundo nascimento).

penetram no corpo da mãe sob a forma de um pequeno animal, geralmente através do umbigo. Os nativos de Cap Bedford acreditam que "os meninos penetram no corpo da mãe sob a forma de uma serpente; as meninas, de um maçarico".[19] Essa associação bastante primitiva entre criança e falo – o falo penetra completamente no corpo da mulher e lá se transforma em criança – reverbera também nas crenças populares e nos contos de fadas sob a forma de uma "alma corporal": a alma do homem adormecido ou morto sai pela sua boca na forma de animais (ratos, serpentes etc.) e, depois de algum tempo, entra novamente pela boca, seja na mesma pessoa (sonho), seja numa outra (fecundação ou nascimento).[20] A isso também se relaciona a ancestral crença popular que associa o ventre materno a um animal, e que até agora não encontrou uma explicação,[21] mas que supostamente tem a ver com a representação de um animal que se introduziu no corpo da mãe e lá permaneceu; portanto, em última análise, com o conteúdo do útero fecundado. É por isso que, em Braunschweig, a criança recém-nascida não deve ficar junto da mãe nas primeiras vinte e quatro horas após o parto, "caso contrário, o útero não consegue repousar, provocando um comichão no interior da mulher, como se fosse um rato.[22] Esse rato pode até mesmo sair pela boca da mãe enquanto esta dorme, lavar-se e voltar para dentro de seu corpo pela mesma via", como aconteceu a uma peregrina que descansava na relva, na lenda contada Panzer (*Beiträge zu der Mythologie*, II, 195). Se o rato não conseguir encontrar o caminho de volta, a mulher ficará estéril.

Essas típicas situações de angústia infantil e seus paralelos etnológicos parecem suficientes para comprovar o que queremos demonstrar. Um exa-

---

19. Ver o artigo "Aberglaube" [Superstição] de F. Reitzenstein, em: MARCUSE, Max (org.). *Handwörterbuch der Sexualwissenschaft* [Minidicionário de sexologia]. 1923, p. 5.
20. No conto malaico "Fanany", uma serpente da morte do leste africano se transforma num verme (simbolizando a alma) que, de seis a oito dias após a morte, sai do túmulo por meio de um bambu fincado na terra (*apud* HELD, H. L. *Schlangenkultus. Atlas Africanus*, III, Munique, 1922).
21. É plausível considerar que se trata do sapo, animal que costuma esconder-se em buracos escuros e inacessíveis. Ver *Die Kröte, ein Bild der Gebärmutter* [O sapo, uma imagem do útero], de Karl Spieß (*Mitra* I, n. 8, p. 209 ss, 1914). Já no Antigo Egito, a deusa do nascimento era representada com uma cabeça de rã (Jacoby e Spiegelberg, *Der Frosch als Symbol der Auferstehung bei den Ägypten* [A rã como símbolo de ressureição entre os egípcios], *Sphinx* VII.). Por outro lado, a cabeça do sapo simbolizando o ventre materno apresenta ocasionalmente alguns traços humanos (ver figura 7 em Spieß, *op. cit.*, p. 217). Sobre o mesmo significado do sapo no México antigo, ver FUHRMANN, Ernst. *Mexiko* III, 3, p. 20 ss. (*Kulturen der Erde*, v. XIII, Darmstadt 1922).
22. Ver o artigo "Aberglaube", *op. cit.* [Vide nota 19.]

me mais detido das circunstâncias nas quais surge a angústia infantil revelará que, de fato, o sentimento de angústia do nascimento continua atuando sobre a criança, e que toda oportunidade que, de alguma forma – na maioria das vezes, "simbólica" – a lembra disso, é usada para apaziguar cada vez mais esse sentimento suspenso (*pavor nocturnus*). Se ousarmos levar a sério e ao pé da letra a conhecida origem do sentimento que Freud atribui ao processo do nascimento – o conjunto das experiências aqui referidas nos leva a tanto – então logo reconheceremos que toda manifestação de medo infantil corresponde a uma manifestação parcial do medo do nascimento. A questão irrefutável da possível origem da tendência em reproduzir um sentimento tão desagradável será abordada mais adiante, quando trataremos do mecanismo do prazer e do desprazer. No entanto, gostaríamos de já aludir aqui a um fato analítico não menos irrefutável: o de que, assim como o medo do nascimento subjaz a todo e qualquer medo, todo prazer tende, em última instância, à reprodução do prazer primitivo intrauterino. Já as funções normais da criança, reconhecidas pela análise como libidinais, tais como a absorção de alimentos (o ato de mamar) e a expulsão dos produtos metabólicos, revelam a tendência de prolongar, por mais tempo possível, as liberdades ilimitadas do estado pré-natal. Conforme observamos na análise de neuróticos, o inconsciente jamais abre mão dessa reivindicação que o eu, em nome de sua adaptação social, é obrigado a reprimir, estando sempre disposto a fazê-la emergir em situações que se aproximam do estágio pré-natal, e que estão sob seu domínio (sonho, neurose, coma).

A origem e a tendência dessas satisfações da libido se apresentam de modo ainda mais evidente quando nos detemos nos "defeitos infantis" a partir das fontes de prazer que são, de um lado, a sucção e, de outro, o expelir de fezes e urina, quando eles se prolongam demais em matéria de tempo ou de intensidade (por exemplo, no sintoma "neurótico" da *Enuresis nocturna*). Nesse movimento, aparentemente automático e que escapa ao controle da consciência, de expelir urina e fezes (como "prova de amor" para a mãe), a criança se comporta como se ainda estivesse no útero: *inter faeces et urinas*;[23] a conhecida relação entre sentimento de medo e defecação repousa sobre um mecanismo semelhante. Ao substituir o seio materno, do qual foi privada temporariamente ou após o desmame, pelo seu próprio dedo, a criança realiza uma primeira tentativa de substituir o

---

23. O lavabo surge no sonho como uma representação típica do ventre materno (ver STEKEL. *Die Sprache des Traumes* [A linguagem dos sonhos], 1911).

corpo da mãe, ou uma parte dele, pelo seu próprio ("Identificação"); assim, a preferência – à primeira vista, misteriosa – pelos dedos dos pés, denuncia claramente a tendência em reproduzir a posição intrauterina.[24] Do ato de sugar e da expulsão prazerosa de excrementos, os caminhos descobertos pela análise nos conduzem ao "vício" infantil por excelência: a masturbação genital (e também à poluição, a substituta tardia da excreção), que ajuda a introduzir e a preparar o substituto definitivo e completo do desejo de se unir novamente à mãe: o ato sexual. A tentativa de ocupar sexualmente a temida genitália (da mãe), produz um sentimento de culpa que, segundo o mecanismo da fobia, relaciona a angústia materna ao pai. Por essa via, ocorre a transformação parcial da angústia primitiva num sentimento (sexual) de culpa, de modo que podemos observar muito bem como o medo de animais (de origem materna) se converte nitidamente em um medo do pai, baseado em repressão sexual, e que pode ser perfeitamente racionalizado pela transposição, por mecanismo fóbico, para ladrões, invasores, (o "homem de preto" etc.). Surge assim uma angústia real, relacionada à angústia primitiva e que foi deslocada; nesse sentido, a angústia do espaço materno se transforma na angústia paterna da penetração, correspondendo inteiramente ao comportamento da criança em relação tanto aos animais grandes (maternais) quanto aos pequenos (fálicos).

Neste ponto cabe uma objeção do lado da própria psicanálise, e que esperamos poder solucionar com facilidade. A experiência segundo a qual cada medo da criança corresponderia à angústia do nascimento (e de que cada prazer da criança tenderia para o restabelecimento do prazer primitivo intrauterino) poderia ser questionada quanto a seu caráter geral em virtude do medo da castração, que fora bastante destacado há pouco. Contudo, parece-me claro que o medo primitivo infantil, ao longo do desenvolvimento, concentra-se muito particularmente nos genitais, e precisamente por causa de sua relação obscuramente intuída (ou lembrada) factual e biológica com o nascimento (e com a concepção). E é compreensível, e mesmo óbvio, que justamente o órgão genital feminino, enquanto lugar do trauma do nascimento, logo se converta no principal objeto do sentimento de medo que se origina dele. Assim, o medo da castração se funda, como Stärcke já

---

24. Segundo uma comunicação oral do pediatra vienense J. K. Friedjung, ele teve várias oportunidades de observar crianças que vieram ao mundo com um dedo na boca. Isso mostra a tendência de substituição imediata da mãe *in statu nascendi*. Experiências recentes acerca da excitabilidade dos reflexos do feto teriam demonstrado que o reflexo da sucção pode ser desenvolvido a partir do sexto ou sétimo mês.

afirmara,[25] sobre a "castração primitiva" do nascimento; ou seja, sobre a separação da criança de sua mãe.[26] Não me parece muito oportuno já falar em "castração" onde não se trata ainda de uma relação mais clara entre o medo e os genitais, enquanto separação entre a criança e a mãe por meio dos genitais (femininos).[27] Essa concepção encontra um forte sustentáculo heurístico no fato de que ela soluciona com facilidade o enigma da ubiquidade do "complexo de castração", ao remetê-lo à incontestável generalidade do ato do nascimento, de grande importância para a total compreensão e para a fundamentação real de outros "fantasmas primitivos". Também acreditamos compreender melhor agora porque a "ameaça de castração" exerce regularmente sobre a criança um efeito tão profundo e duradouro – e também porque, aliás, o medo infantil e o sentimento de culpa decorrente dele e que remonta ao ato do nascimento não pode ser evitado por nenhuma medida educativa nem remediado pelos procedimentos analíticos convencionais.[28] Essa ameaça não atinge apenas a vaga lembrança do trauma original ou o medo pendente que o representa, mas sim um outro trauma desagradável, vivido de forma consciente e depois reprimido: o desmame, menos intenso e duradouro que o primeiro, ao qual ele deve boa parte de seu efeito "traumático". Somente em terceiro lugar aparece o trauma genital da castração,[29] frequentemente imaginado ao longo da história do indivíduo, na maioria das vezes como ameaça. No entanto, justamente devido a sua irrealidade, esse trauma parece particularmente predisposto a assumir a maior parte do sentimento de medo natal sob a forma de um sentimento de culpa que se mostra efetivamente relacionado, bem no sentido do pecado

---

25. STÄRCKE, A. *Psychoanalyse und Psychiatrie* [Psicanálise e psiquiatria]. Beiheft IV, 1921.
26. Nos sonhos ocorridos na fase final do tratamento analítico, identifiquei com frequência o falo como "símbolo" do cordão umbilical.
27. Ver também Freud: Die infantile Genitalorganisation [A organização genital infantil]. *Zschr.* IX/2, 1923. (Obra à qual só tive acesso após o término deste trabalho.)
28. Ver a esse respeito: KLEIN, Melaine. Eine Kinderentwicklung [Um desenvolvimento infantil]. *Imago*, v. VII, 1921.
29. A duplicidade típica – a castração símbolo de defesa e de consolo – que permite compensar a perda de um membro insubstituível (geralmente através de uma multiplicidade), parece pertencer originalmente ao trauma do desmame e à possibilidade do aleitamento por ambos os seios, em que um dos seios compensa efetivamente a "perda" do outro. Também a utilização "simbólica" dos testículos não raro se revela um meio de representação entre o seio e o pênis, assim como as tetas da vaca (a esse respeito, ver a comparação simbólica com os "órgãos duplos" de Stekel). Em outro plano, a duplicidade como mecanismo de defesa contra a castração parece inspirar a ironia infantil em relação a essa mentira dos adultos (mais a esse respeito a seguir).

original, à separação entre os sexos, à diferenciação dos órgãos e funções sexuais. O inconsciente mais profundo, que sempre permanece sexualmente indiferente (bissexual), não sabe nada a esse respeito, conhecendo apenas o medo original primário do ato, universalmente humano, do nascimento. Comparada aos traumas do nascimento e do desmame, realmente vividos e dolorosos, uma ameaça de castração, mesmo que de fato proferida, parece facilitar que o medo primitivo sob a forma de uma consciência (genital) culpada seja vencido, uma vez que a criança logo descobre que essa ameaça não é séria, bem como outras inverdades dos adultos. Em relação ao trauma primitivo, a fantasia de castração, logo revelada uma ameaça vazia, atua antes como um consolo, uma vez que a separação temida não poderia acontecer.[30] Isso nos conduz diretamente às teorias sexuais infantis (ver o início do capítulo seguinte) que não querem reconhecer a "castração" (os genitais femininos), claramente para assim poder negar o trauma do nascimento (a separação primordial).

Percebemos agora que toda utilização lúdica de motivos trágicos primordiais, acompanhada da consciência da irrealidade, atua como fonte de prazer, uma vez que ela simula negar o trauma do nascimento. Assim ocorre com as típicas brincadeiras infantis, desde esconde-esconde, balanço, trenzinho e boneca até o "brincar de médico",[31] jogos que, como Freud reconheceu muito cedo, contêm os mesmos elementos que os sintomas neuróticos correspondentes, embora sob o signo positivo do prazer. O esconde-esconde, que as crianças não se cansam de repetir, representa de forma lúdica a situação da separação (e do encontrar novamente); as brincadeiras que envolvem movimentos rítmicos (balanço, "cavalinho"), reproduzem pura e simplesmente o ritmo embrionário que, no sintoma neurótico da vertigem, demonstra o outro lado de sua cabeça de Jano. Veremos em breve que toda brincadeira infantil subordina-se de alguma forma ao ponto de vista essencial da irrealidade, e a psicanálise já pôde demonstrar que é nesse processo que são engendradas as irrealidades supremas e prazerosas – a imaginação e a arte.[32] Mesmo nas formas mais elevadas dessa realidade aparente, como, por exemplo, a tragédia grega, somos capazes de sentir angústia e pavor,

---

30. Encontramos o mesmo mecanismo de consolo nas disfunções de perda, reconhecidas como atos de sacrifício: nos separamos de uma parte valiosa de nosso "eu", em vez de ser completamente separados do "eu" como um todo ("O anel de Polícrates", que é atirado no mar, mas que retorna ao mundo dentro da barriga de um peixe).
31. Os dois últimos com referência direta à gestação (boneca = feto em sonhos).
32. *Das Dichter und das Phantasieren* [O escritor e a imaginação], 1908.

numa reação catártica, no sentido aristotélico do termo, tal como a criança concebe a situação apavorante da separação como um esconde-esconde[33] voluntário, que sempre pode ser repetido.

A tendência constante da criança à angústia, decorrente do trauma do nascimento, que se transfere de bom grado a todos os objetos possíveis, manifesta-se de maneira ainda mais direta, biológica por assim dizer, na relação característica, significativa do ponto de vista da história da civilização, da criança com a morte. O que de início nos surpreendeu não foi o fato de a criança desconhecer alguma representação da morte mas, antes, que também neste ponto, tal como em relação à sexualidade, ela também permaneça por muito tempo incapaz de aceitar as experiências e explicações correspondentes em seu significado real. Um dos maiores méritos de Freud foi o de ter chamado nossa atenção para essa representação negativa da morte na criança, que se expressa, por exemplo, no fato de esta se referir às pessoas mortas como se estivessem temporariamente ausentes. Também é sabido que o inconsciente nunca abandona essa perspectiva, do que é testemunha não apenas a crença inextinguível na imortalidade, e que sempre assume novas formas, como também o fato de que sonhamos com os mortos como se estivessem vivos. Incorreríamos num erro se, por causa de nossa postura intelectualista, acreditássemos que a criança não consegue aceitar a representação da morte devido a seu caráter penoso e desagradável; o que não é o caso, pois a criança rejeita essa representação a priori, sem ter ideia da representação de seu conteúdo. A criança, de modo geral, não tem uma ideia abstrata da morte, ela apenas reage ao caso de morte que vivencia ou que lhe é contado (explicado) em relação às pessoas que lhe são próximas. Para a criança, "estar morto" equivale a "estar separado" (Freud), o que remete diretamente ao trauma primitivo. A criança aceita assim a representação consciente da morte, ao identificá-la inconscientemente com a primeira separação. Por isso pode parecer cruel ao adulto que a criança deseje a morte de um concorrente indesejado, como um irmãozinho que lhe causa incômodos desagradáveis, o que significa algo como se disséssemos a uma pessoa que ela deveria ir para o inferno: ou seja, nos deixar em paz. A criança apenas revela conhecer melhor o sentido primitivo dessas "maneiras de falar" do que os adultos quando, por exemplo, ela aconselha o irmãozinho que a incomoda a voltar para o lugar de onde ele saiu. A criança

---

33. Também nos contos de fadas – por exemplo, em *O Lobo e os Sete Cabritinhos* – o esconderijo tem o significado de uma salvação; ou seja, o retorno ao útero materno diante de uma ameaça externa.

o faz com muita seriedade, também porque tem uma vaga lembrança do lugar de onde veio o bebê. Deste modo, a ideia de morte está, desde o início, tomada por um sentimento de prazer intenso e inconsciente, o retorno ao ventre materno, que se manteve inalterado ao longo de toda a história da humanidade, desde os ritos de sepultamento primitivos até o retorno ao corpo astral dos espíritas.

Mas não é apenas a representação da morte que, no homem, possui um pano de fundo libidinoso: contra a destruição pela morte, reconhecida de forma consciente como sendo real, o homem lança mão do trunfo da existência pré-natal, que representa o único estado realmente experimentado para além da vida consciente. Quando a criança deseja afastar um concorrente que a incomoda desejando-lhe a morte, ela só o faz por meio da própria lembrança agradável do lugar de onde ela mesma veio e de onde também veio o irmãozinho ou irmãzinha: a mãe. Poderíamos afirmar ainda que ela própria deseja retornar a esse lugar onde não havia nenhum tipo de perturbação externa. A justificativa para insistirmos no próprio elemento inconsciente de desejo de retorno ao útero materno presente nesses desejos de morte proferidos pela criança, ilumina-se a partir da compreensão das autocensuras neuróticas, reação regular ao preenchimento ocasional de um tal desejo. Quando perdemos uma pessoa próxima, independente do sexo, essa separação relembra a separação primeira da mãe, e a dolorosa tarefa de afastar a libido dessa pessoa – tarefa que Freud reconheceu no processo do luto e que corresponde a uma repetição psíquica do trauma do nascimento. Como Reik já mostrou em uma breve conferência,[34] fica evidente, nos diferentes rituais de luto humanos, que aquele que faz o luto pretende ser identificado com o morto, o que demonstra o quanto ele o inveja por ter retornado para sua mãe. As impressões significativas que irmãos mortos prematuramente deixaram no inconsciente do sobrevivente, que mais tarde geralmente se torna um neurótico, demonstram de forma inequívoca o efeito nefasto dessa identificação com o morto, que não raro se manifesta no fato de o sobrevivente passar o resto de sua vida, por assim dizer, inconscientemente em luto; ou seja, num estado que se adequa, de maneira impressionante, ao suposto local onde o morto se encontra. Algumas neuroses podem ser compreendidas, em seu conjunto, como uma continuação embrionária da existência interrompida de um irmão ou irmã que morreu prematura-

---

34. *Tabnit, König von Sidon* [Tabnit, rei de Sídon], Sociedade Psicanalítica de Viena, mar. 1923.

mente, sendo que a melancolia apresenta o mesmo mecanismo como uma reação a um caso de morte atual.[35]

A criança inveja o morto por causa da felicidade do retorno à mãe, da mesma forma que o ciúme propriamente dito do novo irmão ou irmã, como mostram as análises, refere-se ao período da gestação; ou seja, à permanência no corpo materno, enquanto que a conhecida resignação diante da presença do novo concorrente pela identificação com a mãe (o filho do pai) começa logo após o nascimento (a criança enquanto uma boneca viva). Nessa tendência inconsciente da criança de se identificar com o irmãozinho intrauterino, cuja chegada eminente lhe foi suficientemente anunciada, reside o essencial daquilo que, com base em pesquisas psicanalíticas, poderíamos designar de trauma do segundo filho ("trauma de irmãos"). O essencial nessa questão é o fato de a criança, cujo nascimento é esperado, realizar o desejo mais profundo daquele que já existe, o de alojar-se dentro do corpo materno, impedindo assim, de uma vez por todas, o caminho de retorno, o que pode se tornar determinante para a atitude e o desenvolvimento posteriores do primogênito ou daqueles que nasceram antes do bebê que está a caminho (sobre a psicologia do caçula, ver o sexto capítulo, "A compensação heroica"). A partir desse dado, alguns traços da vida erótica adulta que ainda tinham permanecido incompreendidos (controle de natalidade neurótico etc.), tornam-se mais acessíveis analiticamente – como certas doenças neuróticas dos órgãos sexuais femininos (pseudoesterilidade etc.).

A identificação do estado de morte com o retorno ao útero materno também explica porque os mortos não devem ser incomodados em seu repouso, e porque um tal incômodo é considerado a maior das punições. Isso prova a natureza secundária de toda a fantasia acerca do segundo nascimento, cujo único sentido é restabelecer o estado primitivo. É o que também demonstram diversos fatos biológicos, nos quais o elemento ético-anagógico, representado pela ideia da reencarnação e que Jung considerou, de forma equivocada, como sendo o elemento essencial, está ausente.[36] Um

---

35. Valeria a pena observar, na anamnese dos melancólicos, se esses passaram por um caso de morte na infância (dentro da própria família).

36. Jung não deu atenção aos fatos biológicos porque procurou proteger-se contra a tendência "analítica" à regressão, e com isso negligenciou a tendência biológica. Desta forma, dirigiu-se, por espírito de oposição, para a orientação ético-anagógica, que coloca no centro a ideia do segundo nascimento sendo que esta, no entanto, é apenas uma ramificação intelectualizada. (Wandlungen und Symbole der Libido [Transformações e símbolos da libido]. *Jahrbuch*, IV, p. 267, 1912).

exemplo particularmente instrutivo é o de uma espécie de peixes da família *cichlidae*, cujas fêmeas carregam as ovas no saco laríngeo até sua maturação ("gestação bucal").[37] Na espécie *haplochromis strigigena*, que tem por *habitat* o norte da África e que deposita suas ovas sobre plantas e pedras, o saco laríngeo da mãe serve de refúgio e órgão de proteção aos filhotes já nascidos. Se há uma ameaça de perigo ou se a noite se aproxima, a mãe logo abre a boca e então todo o jovem cardume entra ali, onde permanece até que o perigo se dissipe ou que o dia amanheça. Esse comportamento é particularmente interessante, e não apenas porque prova que o sono fisiológico existente em toda a cadeia animal deve ser considerado um retorno passageiro ao útero materno, mas também pelo fato de, nessa espécie, a maturação propriamente dita ocorrer fora do corpo materno (sobre plantas e pedras) e, por assim dizer, ser repetida posteriormente por esses animais, provavelmente porque eles não podem renunciar a isso.

Outros animais, como os cangurus, que não possuem o retorno parcial ao corpo materno como meio de proteção, o substituem de uma maneira que pode ser chamada de "simbólica" como fazem, por exemplo, os pássaros ao construírem seus ninhos[38] (exemplo que, aliás, já foi citado por Jung). Com isso, podemos constatar que aquilo que chamamos de instinto animal corresponde, em essência, à adaptação da libido pré-natal ao mundo exterior; ou seja, a tendência em aproximar esse mundo exterior, possível, do estado primitivo vivido anteriormente, enquanto que, por causa do longo período de gestação e com ajuda das faculdades intelectuais superiores que posteriormente foram desenvolvidas, o homem procura restabelecer, de todas as formas possíveis, enquanto por assim dizer criador, o estado primitivo. E isso ele consegue, até um nível elevado de prazer, por meio dos produtos socialmente adaptados de sua imaginação, como a arte, a religião, a mitologia; na neurose, porém, esses esforços adaptativos sofrem um fracasso lastimável.

---

37. Encontramos a gestação bucal em inúmeros peixes ósseos, e mesmo dentre alguns vertebrados. MEISENHEIMER, S. Geschlecht und Geschlechter im Tierreich [Gênero e espécies no reino animal]. *Jena*, 1921, v. I, Cap. 20: "Die Verwendung des elterlichen Körpers im Dienst der Brutpflege" [O uso do corpo dos genitores em prol da gestação], p. 566 ss. Nesse âmbito, também vale mencionar o incrível instinto de localização das aves e dos peixes migratórios, que sempre partem dos lugares aonde foram parar, levados por terceiros ou por conta própria, para retornarem ao local onde nasceram.

38. Certa vez uma diretora de um jardim de infância americano me contou que as crianças, quando brincavam com massa de modelar, faziam espontaneamente formas que se assemelhavam a ninhos de pássaros.

O motivo desse fracasso, como a psicanálise já mostrou, deve-se aos obstáculos psicobiológicos que se opõem ao desenvolvimento, e que serão abordados no próximo capítulo sob a perspectiva do trauma sexual, uma vez que o momento crucial do desenvolvimento da neurose parece residir no fato de que o homem, em seus esforços para superar biológica e culturalmente o trauma do nascimento – esforços que aqui chamamos de adaptação – fracassa ao atravessar a etapa da satisfação sexual, a que mais se aproxima da situação primitiva, sem contudo restabelecê-la por completo em seu aspecto infantil.

III

A SATISFAÇÃO SEXUAL

Todo o problema sexual infantil pode ser resumido na famosa pergunta pela origem das crianças. Essa pergunta, mais cedo ou mais tarde, será feita de forma espontânea pela criança, e será o resultado final de um processo de pensamento insatisfatório que, como já pudemos constatar, manifesta-se nela de várias maneiras (tendência a fazer perguntas), que demonstram que a criança procura dentro dela mesma a lembrança perdida de sua morada anterior, e que não consegue encontrar devido a um forte recalcamento. Por isso a criança tem, em geral, a necessidade de um impulso exterior – na maioria da vezes, o nascimento de um irmãozinho ou irmãzinha[39] – para finalmente colocar abertamente a questão e, assim, apelar para a ajuda dos adultos, que parecem ter reencontrado de alguma forma esse conhecimento perdido. Mas a resposta a essa questão, mesmo se dada por educadores com conhecimento analítico, não satisfaz à criança, assim como também não satisfaz a um neurótico a comunicação de um encadeamento de ideias do qual ele não tinha consciência e que não pode aceitar em decorrência de resistências interiores, igualmente inconscientes. A reação típica da criança à resposta verdadeira (a criança cresce no corpo da mãe, assim como uma planta na terra), revela onde se encontra o verdadeiro interesse da criança, que é: como se entra ali! Essa questão, porém, não se relaciona tanto ao enigma da concepção, como os adultos podem julgar a partir deles mesmos mas, antes, revela sua tendência em retornar para onde estava antes.[40] Como o

---

39. Com base em diferentes experiências analíticas, os filhos únicos ou os caçulas (assim como aqueles que tiveram de reprimir um grave trauma do nascimento) não fazem essa pergunta de forma direta.

40. Diz Mefistófeles: "É lei dos demônios e fantasmas, não se foge dela: / Só por onde entram podem ir-se embora. / Somos livres no um, no dois, porém, somos escravos." [GOETHE. *Fausto I*. Trad. brasileira de Jenny Klabin Segall. 4. ed. São Paulo: Editora 34, 2010. p. 145. (N.T.)]. Em seus trabalhos de entrelaçamento, os índios não fecham completamente os círculos dos mo-

trauma do nascimento sofreu a repressão mais forte, a criança não consegue reconstituir a lembrança, apesar das explicações recebidas, agarrando-se às próprias teorias a respeito de sua origem, que correspondem a reproduções inconscientes do estado pré-natal e que lhe dão a ilusão de um retorno possível – ilusão que ela perde ao aceitar a explicação que lhe é dada.

É principalmente a famosa fábula da cegonha, que parece se basear no fato de esse pássaro retornar periodicamente ao lugar que ele havia deixado, podendo assim levar e trazer de volta a criança e, ao mesmo tempo, a queda traumática no vazio é substituída pelo voo suave e aplainado do pássaro.[41] Uma outra teoria infantil do nascimento, deduzida do inconsciente por Freud, relaciona-se diretamente ao interior do corpo materno e ao processo digestivo: a criança imagina que ela entra no corpo da mãe pela boca (como um alimento) e é expelida como excremento pelo reto. Também esse processo, prazeroso para a criança como sabemos, e que se repete diariamente, pode assegurar que a possibilidade de reprodução, no sentido de uma compensação do trauma, seja facilitada. Também a teoria mais tardia, à qual muitas pessoas se agarram por bastante tempo, de que as crianças seriam paridas por um corte feito no corpo da mãe (geralmente na região do umbigo), baseia-se na negação da própria dor do nascimento, que é totalmente imputada à mãe.[42]

O traço comum a todas as teorias infantis do nascimento e que também pode ser devidamente comprovada à luz da etnologia (mitos e, principalmente, narrativas fantásticas),[43] é a negação do órgão sexual feminino, o

---

tivos ornamentais, porque se o fizerem, acreditam que as mulheres não teriam mais filhos (conforme me foi contado por um viajante).

41. Seja levá-los para os próprios pais (histórias em que uma família imaginária substitui a verdadeira), seja para seu lugar de origem ("desejo de morte"). Ver o trabalho do autor sobre *A Lenda de Lohengrin* (1911) [em *O mito do nascimento do herói*. São Paulo: Cienbook, 2015, p. 79. (N.E.)].

42. Vale mencionar aqui o típico mito do herói que vem ao mundo através de uma incisão no ventre de sua mãe, manifestando, desde o nascimento, uma maturidade plena e que, desde a infância, realiza façanhas admiráveis. Ele é poupado tanto da angústia do nascimento quanto do primeiro estágio neurótico (ver mais adiante o capítulo "A compensação heroica"). Aliás, segundo certas observações isoladas, as crianças que vieram ao mundo por meio de uma intevenção cirúrgica, de certa maneira se desenvolveriam melhor do que as demais. Por outro lado, uma mulher que deu à luz seu filho sob narcose, isto é, em estado inconsciente, teria o sentimento de que aquele não seria seu filho. Deste modo, seu interesse infantil a respeito da origem das crianças permanece insatisfeito.

43. Ver meu trabalho *Völkerpsychologische Parallelen zu den infantilen Sexualtheorien* [Paralelos das teorias sexuais infantis na psicologia dos povos], 1911.

que evidencia que tais teorias se fundam no recalcamento da lembrança do trauma do nascimento, que foi vivenciado precisamente ali. A essa fixação e má vontade em relação a essa função do órgão genital feminino como órgão genitor subjazem, em última análise, todos os distúrbios neuróticos da vida sexual adulta, como a impotência sexual e a frigidez feminina em todas as suas formas, mas que se manifestam mais particularmente em certos tipos de claustrofobia (acessos de vertigem), relacionados ao estreitamento ou alargamento da rua.

As perversões que, segundo Freud, representam o lado positivo da neurose, remetem de modo decisivo à situação infantil primitiva. Como já demonstrei em outra ocasião,[44] o comportamento do perverso se caracteriza pelo fato de que ele impede o recalcamento da teoria infantil do nascimento anal através de sua realização parcial e do sentimento de culpa: ele próprio assume o papel da criança de origem anal, antes que esta sofra o trauma do nascimento, num estado, portanto, que se aproxima o máximo possível da situação primitiva de prazer ("perverso-polimorfo"). Já a coprofilia e urofilia não necessitam de mais explicações pois, bem como todas as formas de perversões bucais, não passam de prolongamentos da satisfação intrauterina da libido (e da satisfação pós-natal ligada ao seio materno).[45] O exibicionista se caracteriza pelo fato de querer retornar ao estado primitivo e paradisíaco da nudez, no qual ele vivera antes do nascimento e que, por isso, tanto agrada às crianças. Nesse caso, um prazer particular reside no ato de despir-se, de desvencilhar-se dos invólucros, como observamos em casos mais manifestos. A exibição dos órgãos genitais equivale, na fase de desenvolvimento heterossexual, a substituir o corpo inteiro por uma parte representativa dele, sendo que o homem privilegia a exibição de seu pênis e, a mulher, a exposição da nudez de seu filho – diferença que tem a ver com os diferentes estágios de desenvolvimento do complexo de castração (normalmente, o pudor). A característica particular do pudor sexual, o ato de fechar ou de cobrir os olhos[46] e de ruborizar, aludem à situação pré-natal,

---

44. Perversion und Neurose [Perversão e neurose]. *Zschr.*, VIII, 1922.
45. A análise de uma mulher que tinha preferência pela cunilíngua revelou que a sensação de prazer estava relacionada à sensação de seu clitóris em contato com uma cavidade quente (análoga ao pênis).
46. A ligação íntima existente entre as manifestações de nudez que considero exibicionistas – uso de determinadas vestimentas, vendas ou algemas – resultam de seu elo comum com a situação primitiva (ver meu trabalho anterior, *Die Nacktheit in Sage und Dichtung* [A nudez na literatura e no mito], 1911).

na qual o sangue corre para a cabeça, que então está direcionada para baixo.

Aliás, também o significado apotropaico da exibição dos genitais, que predomina num grande número de superstições, originalmente não era nada além da expressão de uma certa maldição que pesava sobre o órgão de concepção, e que se observa claramente nas mais diversas maldições e pragas.

Um caso análogo é o do fetichismo, cujo mecanismo Freud já descrevera como sendo um recalcamento parcial, com formação substitutiva e compensatória; o recalcamento concerne muito regularmente aos órgãos genitais da mãe, no sentido de um substituto traumático do medo, e substituído por outra parte do corpo que provoca prazer, ou por um acessório estético que se relacione a ela (roupas, sapatos, espartilho etc.).

Quanto ao masoquismo, minhas experiências analíticas anteriores me permitem deduzir que se trata da transformação das dores do nascimento (fantasma da flagelação) em sensações prazerosas, o que se explica a partir de outros elementos típicos da fantasia masoquista:[47] ao submeter-se a ser amarrado (sobre castigo, ver adiante), o masoquista reproduz, ao menos parcialmente, a prazerosa situação intrauterina da imobilidade, que por sua vez é ligeiramente imitada na situação de imobilidade dentro das fraldas (Sadger).[48] Por outro lado, o sádico típico, o degolador de criancinhas que chafurda em sangue e vísceras (Gilles de Ray) ou o assassino estripador de mulheres, parece dar livre curso à curiosidade infantil de saber como é o interior do corpo. Enquanto que o masoquista procura restabelecer a situação primitiva prazerosa por meio de uma revalorização afetiva do trauma do nascimento, o sádico incorpora o ódio inextinguível daquele que foi expulso e que tenta de fato, com seu próprio corpo, plenamente crescido, penetrar de volta no lugar de onde saíra quando bebê, sem levar em conta que, com isso, ele massacra sua vítima, o que para ele, é algo secundário (sobre a vítima, trataremos mais adiante).

---

47. Parece fazer parte dessa ordem o ritual mágico, muito conhecido, de provocar fertilidade com golpes de vara ("As varas da vida"). O mito da virgem Bona Dea conta que esta foi punida por seu pai com golpes de vara por ter resistido às suas investidas. Podemos comparar a isso o antigo costume alemão de chicotear os recém-casados (MANNHARDT, W. *Antike Feld-und Wald-Kulte* [Cultos campestres e florestais antigos]. I, p. 299-303), como também ocorria nas lupercálias romanas; já nas festas de solstício mexicanas, as jovens eram agredidas com saquinhos para se tornarem férteis.

48. O papel predominante que, nessas últimas formas (exibicionismo, masoquismo), desempenha o que Sadger chama de "erotismo cutâneo, mucoso e muscular", parece derivar diretamente da situação intrauterina, na qual o corpo inteiro é agradavelmente envolvido por uma sensação de "cócegas" numa sensação de moleza, calor e umidade.

Também a homossexualidade parece encaixar-se sem maiores esforços nessa explicação; no caso do homem, ela se baseia muito claramente na aversão aos genitais femininos, por causa de sua relação estreita com o choque do nascimento. O homossexual enxerga na mulher apenas o órgão da maternidade, sendo por isso incapaz de reconhecê-lo como fonte de prazer. Além disso, como demonstram nossas análises, os homossexuais de ambos os sexos desempenham os papéis de homem e mulher apenas de forma consciente; no inconsciente, um dos dois assume o papel da mãe – o que é particularmente mais claro no caso da homossexualidade feminina – e, o outro, o do filho. Eles representam assim um caso particular de relação amorosa (o "terceiro sexo"), a saber, o prolongamento direto da situação primitiva, caracterizada por uma ligação assexuada mas libidinosa. Convém destacar que a homossexulidade, enquanto perversão que parece referir-se apenas a diferenças sexuais, na verdade está inteiramente baseada na bissexualidade do estado embrionário que subexiste no inconsciente.[49]

Com essa considerações, chegamos ao centro do problema da sexualidade que, num determinado momento, torna complexas, de uma maneira indesejada, as manifestações mais elementares da libido primitiva. Penso que, se nos ativermos à perspectiva desenvolvida até aqui, estaremos em condições de nos aproximar ainda mais de uma compreensão do desenvolvimento sexual normal e de superar as dificuldades que aparentemente se apresentam.

Nos últimos tempos tem sido particularmente reiterado que em toda nossa mentalidade e atitude diante do mundo, predomina o ponto de vista masculino, enquanto que o feminino é negligenciado. O exemplo mais evidente dessa unilateralidade e também do pensamento social e científico, talvez seja o fato de que a humanidade, durante períodos longos e significativos de sua evolução, estivera sob influência do "direito maternal" descoberto por Bachofen, ou seja, sob domínio feminino, tendo sido necessário um esforço especial para vencer as resistências e para restabelecer e aceitar os fatos relativos a esses períodos "reprimidos" pela própria tradição.[50] Notamos até que ponto essa atitude ainda atua sobre nós, psicanalistas, no fato de, via de regra, relacionarmos os temas sexuais ao homem, pretendendo fazê-lo por

---

49. Evidencia-se aqui a inconsistência da concepção de Adler, para quem o princípio explicativo das perversões (homossexualidade) seria uma forma de "protesto masculino".

50. Ver VAERTING, M. *Die weibliche Eigenart im Männerstaat und die männliche Eigenart im Frauenstaat* [A maneira feminina no Estado masculino e a singularidade masculina no Estado feminino]. Karlsruhe, 1921.

simplicidade ou, se formos sinceros, por termos um conhecimento precário da vida feminina. Tenho dificuldade em acreditar, como faz Alfred Adler, que essa atitude seja consequência de uma subestimação social da mulher; muito pelo contrário, penso que ambas exprimem um recalcamento primitivo, que pretende depreciar e renegar a mulher social e intelectualmente, justamente por causa de sua ligação original com o trauma do nascimento. Ao buscarmos trazer novamente à consciência a lembrança primitiva e reprimida do trauma do nascimento, também acreditamos reabilitar o valor da mulher, livrando-a da pesada maldição que recai sobre seus genitais.

Pelas análises de Freud, descobrimos com surpresa que existe um equivalente masculino, ainda que fortemente reprimido, para a inveja do pênis por parte da menina, e que pode ser reconhecido por uma observação superficial: o desejo inconsciente do garoto de poder parir crianças – por via anal. Esse desejo fantasioso, que subexiste e continua agindo sobre o inconsciente através de uma identificação da criança com os excrementos e, mais tarde, com o pênis, não representa nada além de uma tentativa de restabelecimento da situação primitiva, na qual o própio sujeito era uma criança "anal"; isto é, a situação anterior ao conhecimento do aparelho genital feminino, cuja percepção primária é inteiramente fisiológica, mas que só será representada psicologicamente através do trauma do nascimento. É perfeitamente compreensível que o menino, na sua primeira infância, suponha que todas as outras pessoas tenham o mesmo membro que ele, tendo em vista a atitude essencialmente antropomórfica do homem. Mas a tenacidade com a qual, a despeito de todas as aparências, ele se prende a essa ideia, deve nos impedir de atribuí-la apenas à própria superestimação narcisista. Devemos acreditar, antes, que o menino procura negar, por mais tempo possível, a existência do aparelho genital feminino, porque com isso ele pretende evitar a lembrança do pavor, que ainda consegue sentir em todos os membros de seu corpo, de atravessar esse órgão; ou seja, ele evita reproduzir a sensação de medo que ainda associa a essa lembrança. Parece-me que essa ideia pode ser reforçada pelo fato de a menina comportar-se da mesma forma negativa em relação aos próprios genitais, sobretudo porque eles também são femininos, não sendo o caso de imputar a ela uma vantagem narcisista de possuir um pênis. Essa atitude se manifesta através da chamada "inveja do pênis" e evidencia que o motivo dessa "inveja", mais ou menos consciente, não é o fator principal. Ao contrário, ocorre que os dois sexos procuram negar e menosprezar os órgãos genitais femininos da mesma forma, porque ambos estão submetidos à influência da lembrança reprimida do órgão genital materno. A supervalorização do pênis, observada nos dois sexos – e explicada por Adler segundo a psicologia sexual escolar, como o sentimento de "inferioridade", que não é nada secundário – revela-se, em última análise, como sendo uma reação contra a existência de um órgão sexual feminino em geral, do qual um dia fomos expulsos de forma dolorosa. A aceitação da "castração", que condiciona o desenvolvimento feminino normal, e onde se encontra uma expressão típica no desejo de castração dos neuróticos do sexo masculino, possibilita, em favor do elemento fantasioso mencionado anteriormente, a substituição da separação real da mãe pela identificação com ela, e a reaproximação da situação primitiva, por meio do desvio do amor sexual.

Como Ferenczi demonstrou de forma admirável,[51] penetrar na abertura vaginal da mulher sem dúvida significa, para o homem, um retorno parcial ao corpo materno que, através da identificação com o pênis (geralmente conhecido como símbolo do "pequeno", o "Pequeno Polegar"), torna-se algo não apenas completo, mas também infantil. No caso da mulher, como se pode comprovar com base em material analítico, acontece algo semelhante, pois esta, graças à intensa libido clitoriana que experimenta na masturbação, pode identificar-se em maior escala – geralmente bem maior – com o pênis e, por extensão, com o homem e, assim, aproximar-se indiretamente da situação intrauterina. A tendência à masculinidade que pode surgir aí, e que se baseia na identificação inconsciente com o pai, visa, em última instância, a ao menos fazer com que o sujeito usufrua da vantagem inestimável que o homem possui em relação à mulher, de poder penetrar na mãe com um pênis que simboliza a própria criança. Para a mulher, surge então uma satisfação ainda maior, e normal, desse desejo original, graças à identificação com o feto, manifestada na forma de amor maternal.

Nas psicoses, encontramos com frequência, em estado consciente, a identificação inconsciente da criança com o pênis, o que pode explicar dois fatos revelados através da análise. Trata-se, em primeiro lugar, da representação, muito recorrente e descrita por Boehm (*Zschr.* VIII, 1922), do medo do homem, homossexual ou impotente, diante de um pênis "ativo", de dimensões enormes, escondido dentro de uma mulher, e que emerge de repente (como uma tromba ou o membro de um cavalo) – o que revela uma identificação evidente com a criança, escondida no útero materno e que

---

51. Versuch einer Genitaltheorie [Ensaio sobre uma teoria genital]. (Conferência). *Zschr.* VIII, p. 479, 1922.

subitamente sai dali, no ato do nascimento. O contraponto feminino dessa representação da "mulher com pênis" é resultado de minhas análises de casos, em sua maioria, de frigidez feminina, nos quais, ao contrário do que poderíamos acreditar, a primeira visão de um membro masculino (como o do irmão ou de um coleguinha) não atua de forma patogênica, como uma "inveja do pênis". A frigidez se deve, antes, à impressão produzida pela visão de um pênis maior (durante uma ereção ou o pênis do pai), o que tem efeito traumático, porque isso relembra à criança o próprio tamanho: no lugar da cavidade que ela pôde sentir no seu próprio corpo (pela masturbação), a menina percebe, no sexo oposto, que há algo ali que bloqueia essa cavidade e, mais tarde (na idade sexual), ela percebe que se trata de "algo" que quer penetrar no seu próprio corpo (ver a esse respeito o medo de pequenos animais). O pavor, geralmente consciente, que mulheres neuróticas têm de que aquele objeto enorme possa penetrar no corpo delas, relaciona-se diretamente à lembrança reprimida do trauma do nascimento. Por outro lado, as mulheres valorizam o tamanho do membro por associarem a esse fator uma maior possibilidade de prazer, que pode ser intensificada através de eventuais dores, que despertam a lembrança da situação original. As análises da frigidez feminina (vaginismo) demonstram de forma inequívoca, que as típicas fantasias (masoquistas) de violação que nessas mulheres são reprimidas, nada mais são do que tentativas malsucedidas de adaptação ao seu papel sexual (feminino), o que podemos considerar como resquícios de uma identificação em estágio embrionário com o homem (pênis), a qual deve possibilitar a penetração ativo-libidinosa na mãe.[52] Encontramos o correspondente masculino desse estado no ato da defloração, fonte de prazer (sádico) para grande parte dos homens, pela penetração dolorosa e sangrenta na genitália feminina, onde até então ninguém ainda havia penetrado.[53]

---

52. Sobre essa forma típica de escolha feminina de objeto sexual, ver meu trabalho já citado sobre os processos libidinosos durante a cura.
53. Ver mais adiante as referências ao material mitológico (ver p. 106). A propósito, parece que esses desejos inconscientes, como muitos outros, existem no folclore enquanto fatos incompreendidos. Como, por exemplo, a operação "mika" dos australianos, geralmene executada após a circuncisão (entre os 12 e os 14 anos) e que produz uma hipospadias artificial do pênis que, em estado de ereção se torna plano, assemelhando-se a um lóbulo. Nas mulheres, cujos lábios e clitóris são circuncidados para não prejudicar os bebês durante o parto, o coito é facilitado por meio de uma ruptura violenta do hímen e do alargamento da entrada da vagina através de uma incisão que se estende até o ânus. Além disso, o homem introduz seu pênis com bastante dificuldade, notadamente por medo de não conseguir retirá-lo ou de ser tragado pela vagina. (Ver mais detalhes sobre essas operações no artigo já citado de Reitzenstein, em: *Handwörterbuch der Sexualwissenschaft*, p. 5 ss.)

No primeiro estágio da infância, portanto, ambos os sexos se comportam da mesma maneira em relação ao objeto primitivo da libido, a mãe. O conflito que, nas neuroses, vemos desdobrar-se de forma impressionante, só se instala a partir do conhecimento da diferença entre os sexos, e que representa para ambos um trauma decisivo para a formação de neuroses posteriores: para o menino, porque ele toma conhecimento da genitália feminina, que é o seu lugar de origem, e na qual ele deverá penetrar mais tarde; para a menina, porque esta passa a conhecer a genitália masculina, e se dá conta de que não só é impossível penetrar no objeto de sua libido, como também que está destinada a ser penetrada por ele mais tarde. Caso esse trauma venha a ser superado por uma adaptação bem-sucedida ao complexo de Édipo, então, na futura vida amorosa, segue-se uma satisfação sexual parcial do desejo primitivo; em todo caso, uma satisfação possível dentro das circunstâncias. Contudo, a não superação desse trauma traz consequências decisivas para a neurose posterior, na qual o complexo de Édipo e o complexo de castração têm um papel predominante e a aversão sexual, em ambos os sexos, ocupa o primeiro plano. Ambos são submetidos a uma regressão para a fase do primeiro conflito genital e, mais tarde, para uma fuga em direção à situação libidinal primitiva que representa um retorno à mãe.

Nesse caso, o homem pode, desde o início, permanecer ligado ao mesmo objeto que, para ele, representa a mãe, a amante e a mulher, enquanto que o pai, para ele, logo será o representante do medo relacionado à mãe (aos genitais femininos). Na mulher, ao contrário, é necessário que uma boa parte da libido primitivamente maternal seja transferida para o pai, o que ocorre em paralelo com o impulso de passividade já mencionado por Freud. Para a menina, trata-se, na verdade, de renunciar a um retorno ativo em direção à mãe – esse privilégio ou essa suposta penetração que ela reconhece como sendo "masculinos" – e de resignar-se em satisfazer o desejo de reconquistar o bem-aventurado estado primitivo por meio da reprodução passiva; ou seja, pela gravidez e pelo parto, numa sublime felicidade maternal. Observamos as consequências do insucesso dessa transformação biopsicológica nas mulheres neuróticas que, sem exceção, repudiam o órgão genital masculino que elas, em virtude do "complexo de masculinidade", pretendem considerar um mero instrumento da própria penetração em seu objeto de desejo. Sendo assim, qualquer um dos dois sexos se torna neurótico ao procurar satisfazer sua libido primitiva de retorno à mãe, como compensação para o trauma do nascimento, não pela via normal da satisfação sexual, mas na forma primitiva da satisfação infantil, na qual ele naturalmente se reaproxima dos limites do medo do trauma do nascimento, que pode ser evitado de modo mais eficaz justamente através da satisfação sexual.

E assim o amor sexual, que atinge seu ápice na união sexual, surge como a tentativa mais admirável de um restabelecimento da situação original entre mãe e filho, que só se completa com a fertilização de um óvulo. E quando Platão, seguindo as tradições orientais, define a essência do amor a partir da atração de duas partes separadas que outrora estiveram unidas, esta é a descrição poética[54] mais bela da maior tentativa biológica de superação do trauma do nascimento através do amor genuinamente "platônico" – o da criança pela mãe.

Graças a essa concepção, torna-se mais compreensível para nós o desenvolvimento do instinto sexual que, em oposição à libido, está condenado à "procriação" como único meio de satisfação. A primeira manifestação evidente do impulso sexual será o complexo de Édipo, cuja relação com o desejo de retorno ao útero materno foi interpretada por Jung como uma fantasia anagógica de segundo nascimento, enquanto Ferenczi o recolocou em seu devido lugar; ou seja, como sendo o fundamento biológico do desejo em questão. De fato, a questão obscura e fatal da origem do homem está subjacente à lenda de Édipo, que pretende resolvê-la não de forma abstrata, mas pelo retorno real ao corpo materno.[55] Isso se realiza de forma simbólica, mas também completa pois, na verdade, sua cegueira representa o retorno à escuridão do interior do corpo materno e, no final, seu desaparecimento em direção ao mundo subterrâneo através da fenda de um rochedo será expressão do mesmo desejo em relação à mãe terra.

E assim atingimos uma compreensão do sentido psicobiológico que se manifesta ao longo da fase de desenvolvimento normal do complexo de Édipo. A partir da perspectiva do trauma do nascimento, observamos nesse complexo o primeiro esforço efetivo de superar o medo relacionado aos genitais (maternos) por meio de sua conversão prazerosa em um objeto da libido. Em outras palavras, isso significa um deslocamento da possibilidade de prazer original, ou seja, intrauterina, para a saída genital, que é fonte de medo. Significa, portanto, reabrir uma antiga fonte de prazer que

---

54. Podemos estabelecer uma comparação com a passagem bíblica correspondente: "Homem e mulher são uma única carne" (*Erant duo in carne una*).

55. Como Abraham demonstrou recentemente, o simbolismo da vagina na lenda de Édipo, representado pelo desfiladeiro (ou pela trifurcação), remete à conhecida fantasia intrauterina, na qual o pai (ou seu pênis) é introduzido de forma incômoda. (Ver *Imago*, IX, p. 124 ss, 1923.)

estava obstruída por meio do recalcamento. Esse primeiro esforço está de antemão condenado ao fracasso: não apenas porque ele é empreendido com um aparelho sexual ainda em formação, mas sobretudo porque ataca o próprio objeto primitivo, ao qual ainda estão ligados todo o medo e todo o recalcamento do trauma do nascimento. Isso também explica porque esse esforço, que estivemos tentados a definir como natimorto, tem de necessariamente ser empreendido. É evidente que o êxito da transferência normal posterior, a escolha do objeto amoroso, supõe que a criança reproduza, mesmo durante a primeira fase de seu desenvolvimento sexual, sob a forma de um trauma sexual, sua separação do objeto primitivo. Assim, também o complexo de Édipo, que é a terceira grande reprodução do trauma primitivo da separação, está condenado, pelo recalcamento primitivo da lembrança do trauma do nascimento, a descer às profundezas de Orco, mas não sem reagir, através dos sintomas recindivos típicos, a cada nova falha da libido.

Pelo exposto, a partir da história individual, acreditamos ter compreendido, o princípio, já observado por Freud em suas análises, do desenvolvimento sexual humano, que ocorre em duas etapas. Para tanto, examinamos, nessas duas etapas, os ecos de dois estágios profundamente separados pelo trauma do nascimento: a prazerosa vida intrauterina e o processo de adaptação extrauterino. Ao trauma sexual da separação da mãe, segue-se um "período de latência", com sua renúncia temporária da tendência ao retorno, em proveito da adaptação, até que, com a puberdade, reconquista--se o primado da zona genital que podemos conceber, com base em nossas considerações anteriores, como o retorno à apreciação positiva da genitália (da mãe) outrora predominante. Pois o primado genital, que significa a substituição definitiva de todo o corpo, enquanto objeto oferecido à mãe, pelo genital (masculino), só pode ocorrer se a experiência desagradável originalmente relacionada aos genitais for transformada na sensação o mais próxima possível daquele prazer primitivo, da primeira estada no útero materno. Essa possibilidade se realiza sob o signo bem conhecido daquele gravíssimo abalo que conhecemos pelo nome de puberdade, e que atinge seu ápice no ato amoroso, com suas inúmeras etapas preliminares, aproximações e variações, sendo que todas desembocam num contato o mais íntimo possível, uma união de dois corpos (*l'animale à deux dos*). Não é por acaso, portanto, que definimos o estado amoroso, que pode ir até a identificação do mundo inteiro com o objeto (*Tristão e Isolda*, de Wagner) como uma introversão neurótica, e o coito, com sua perda momentânea da consciência, como um breve ataque de histeria.

IV
A REPRODUÇÃO NEURÓTICA

Depois de termos seguido o desenvolvimento da libido infantil até o trauma sexual do complexo de Édipo e que consiste numa fase intermediária decisiva para a formação de neuroses, podemos voltar à questão de saber em que medida cada um dos sintomas neuróticos, tal como conhecidos por meio do processo analítico de cura, corresponde ao trauma do nascimento. A resposta parece consistir numa fórmula bem simples: a análise demonstrou que o núcleo de todo distúrbio neurótico é a angústia e, uma vez que sabemos com Freud que a origem da angústia primitiva se encontra no trauma do nascimento, a relação deste com cada sintoma deveria ser fácil de ser identificada, tal como no caso das reações afetivas da criança. Mas não se trata apenas de saber que o sentimento de angústia, que se liga de diferentes formas a objetos e conteúdos determinados, provém daquela fonte primitiva; além disso, a análise também revela, em cada sintoma isolado, e também na formação da neurose como um todo, que se trata, com toda certeza, de reminiscências do nascimento que são reproduzidas; ou seja, de seu primeiro estágio prazeroso. Sem com isso retornamos à nossa teoria de origem de uma neurose "traumática", tal como esta fora formulada nos clássicos "Estudos sobre a histeria" há mais de um quarto de século,[56] penso que, para nós ou para essa teoria, não há do que se envergonhar. Podemos até dizer que, durante todos esses anos tão produtivos e exitosos de pesquisa analítica, nenhum de nós – mesmo considerando todos os outros fatores – abandonou a certeza de que o "trauma" tinha uma importância maior do que aquela que lhe atribuíamos. No entanto, precisamos admitir que estávamos no direito de duvidar da eficácia dos traumas aparentes, os quais Freud logo reconheceria como meras repetições de "fantasias primiti-

---

[56]. A primeira edição desse estudo que Freud publicou em conjunto com J. Breuer data de 1895. (N.T.)

vas", e que cujo substrato psicobiológico, com todas as suas consequências, acreditamos ter sido descoberto nesse fato humano e universal que é trauma do nascimento.

Podemos acompanhar o processo da neurose *in statu nascendi*, como uma espécie de circuito fechado, na verdadeira neurose traumática, que pode ser particularmente observada durante a guerra ("neurose de guerra"). Nela, a angústia primitiva é diretamente mobilizada pelo choque, uma vez que o perigo de morte exterior reproduz, de maneira efetiva, a situação do nascimento, o que até então só tinha ocorrido de modo inconsciente.[57] O fato de que o choque possa originar os mais diversos sintomas neuróticos que, em outros casos, vemos surgir sem influência de nenhum tipo de choque, prova justamente a importância fundamental do trauma do nascimento como meio de expressão de toda angústia neurótica. Com essa convergência da forma com o conteúdo, a neurose traumática se localiza no início de uma série patogênica, sendo que no extremo oposto estão as psiconeuroses manifestas, que têm por conteúdo o trauma sexual e que para o indivíduo consistem numa defesa e num meio de transporte para sua regressão ao estado primitivo, tão logo esse indivíduo, de alguma forma, sucumba à realidade. De modo geral, e de acordo com a psicanálise, o neurótico só sucumbe no âmbito da sexualidade uma vez que ele não se contenta com a satisfação parcial do retorno à mãe, que lhe proporcionam o ato sexual e a infância, mas tão somente permanecendo fortemente "infantil", ele deseja retornar inteiramente para o interior da mãe. Ele é, por fim, incapaz de livrar-se do trauma do nascimento pela via normal da preservação do medo mediante a satisfação sexual, sendo remetido à forma primitiva da satisfação libidinal, que permanece irrealizável e contra a qual seu *eu* adulto se lança com uma angústia mais intensificada.

Em vários momentos das considerações feitas até aqui acerca do desenvolvimento da libido infantil, destacamos os fenômenos correspondentes observados na neurose e, mais particularmente, em todos os estados nos quais o medo se manifesta, bem como nos distúrbios diretos da função sexual ("neuroses atuais"). Para uma maior compreensão dos estados neuróticos de medo, voltemos ao caso mais simples de desencadeamento da angústia infantil, que continua sendo paradigmático de qualquer desencadeamento de angústia neurótica: o medo que a criança tem do es-

---

57. Os sonhos ocorridos durante a neurose traumática "reproduzem" de maneira típica o trauma do nascimento travestido do acontecimento traumático atual, mas geralmente há algum detalhe que denuncia sua relação com o nascimento.

curo. Essa situação – mesmo que não seja exatamente assim, é difícil defini-la de outro modo – leva o inconsciente da criança a "lembrar-se" de sua estada no interior do útero materno e que, na época, foi sentida como prazerosa – o que também explica a tendência em reproduzi-la – mas que também terminou, e foi seguida pela separação da mãe, de quem a criança, agora abandonada à própria sorte, sente falta. Na angústia de estar sozinho, portanto, manifesta-se claramente o sentimento experimentado na primeira separação do objeto da libido, e isso através de uma experiência, de fato revivida, de reprodução e de transporte. De qualquer forma, essa obsessão em reproduzir um sentimento desagradável e intenso, cujo mecanismo ainda será abordado mais adiante, é muito adequada para ilustrar a autenticidade e a realidade dessa "lembrança". Levando em conta os mecanismos descobertos pela análise, todas as formas de angústia neurótica, incluindo as fobias, correspondem a esse mesmo processo. O mesmo ocorre com a forma dita "atual" da neurose que, no entanto – como também a neurastenia – nos conduz para além dos distúrbios diretos da função sexual, na medida em que o medo provocado pelo *coitus interruptus* corresponde àquele que o sujeito experimenta diante dos órgãos genitais da mãe (a perigosa *vagina dentata*). Sobre a mesma fixação primitiva na mãe e sobre a mesma modalidade de desenvolvimento infantil repousam todas as formas de impotência masculina – o pênis recua diante da perspectiva de penetração – e de anestesia feminina (vaginismo): nesse caso, segundo o mecanismo histérico descrito por Freud, uma das funções do órgão (proporicionar prazer) se mostra inoperante em proveito de uma outra inconsciente (parir) – o que constitui uma das formas de oposição entre espécie (propagação) e indivíduo (prazer).[58]

Uma vez que esses sintomas pronunciados de angústia revelam que o neurótico é alguém que superou o trauma do nascimento de maneira insuficiente, os sintomas somáticos da histeria não se fazem notar apenas em sua forma manifesta, mas também por seu conteúdo inconsciente mais profundo, como reproduções físicas diretas do ato do nascimento, com uma tendência pronunciada de negação desse ato; isto é, uma tendência de retorno à situação prazerosa de outrora, a da vida intrauterina. Fazem parte desses fenômenos em particular a paralisia histérica, na qual, por exemplo, os problemas de locomoção nada mais são do que a representação somática

---

58. Ver observações análogas em meu trabalho "Perversão e neurose".

da claustrofobia;[59] de forma análoga, a imobilidade característica da situação prazerosa primitiva também representa o medo de se libertar dessa situação. Os fenômenos típicos de paralisia, caracterizados pela contração das extremidades contra o corpo, assim como os problemas de coordenação, tais como os que encontramos na febre reumática *Chorea minor*, aproximam-se da situação intrauterina de forma ainda mais fiel.[60]

Com a fundamentação desses sintomas histéricos enquanto reproduções da situação intrauterina e do ato do nascimento, lança-se uma nova luz sobre o problema da conversão. Não é o caso de explicar a "conversão" da excitação psíquica em manifestações físicas mas, antes, o caminho pelo qual o meio de expressão corporal também consegue atingir possibilidades de expressão psíquicas. Esse caminho, porém, parece ser o mecanismo que dá origem ao medo que, por assim dizer, é o primeiro conteúdo psíquico do qual o homem toma consciência. A partir da angústia, uma variedade de caminhos levam a outras superestruturas psíquicas, das quais as mais importantes, tanto do ponto de vista patológico quanto da história da civilização, até aquelas que concernem a formação da linguagem, serão analisadas mais tarde, sob o nome genérico de formações simbólicas. Neste ponto, queremos apenas mencionar brevemente as formações imaginárias, esses precursores psíquicos dos sintomas somáticos da histeria, tais como elas se manifestam, por exemplo, nos ditos estados oníricos ou crepusculares histéricos (incluindo as "ausências"). Com base na excelente descrição de Abraham (*Jahrbuch*, II, 1910), percebe-se claramente que se trata, nesses casos, de "conversões psíquicas"; isto é, de reproduções da situação primitiva no âmbito psíquico, nas quais o retorno psíquico à situação intrauterina é substituído pela simples introversão da libido; ou seja, o retirar-se do mundo exterior é representado pelo isolamento psíquico que vemos ser realizado nas psicoses. Vale notar, a propósito, a frequência com a qual esses estados oníricos se encerram com um sentimento de angústia que impõe um limite ao retorno ao imaginário, da mesma forma que a angústia interrompe o sonho noturno. É notório o quanto esses estados se

---

59. Ver o trabalho de Federn: Über zwei typische Traumsensationen [Sobre duas sensações oníricas típicas]. *Jahrbuch*, VI, 1914). Sensações como paralisia ou de estar voando, bem como suas relações com os sintomas neuróticos da paralisia e da vertigem, se mostram como reproduções inequívocas de sensações de nascimento (ver ainda nesse trabalho, o que dizemos sobre o sonho no capítulo "Adaptação simbólica").

60. Vemos como essa perspectiva vai ao encontro da desenvolvida por Meynert, que já aproximava os movimentos da pequena chicória aos dos recém-nascidos.

aproximam dos êxtases místicos, do mergulho no próprio *eu*, mesmo que sua origem não seja de todo clara.[61]

Dentre as reproduções somáticas diretas do trauma do nascimento, estão todos os distúrbios respiratórios de origem neurótica (asma) que reproduzem a situação de asfixia, a cefaleia neurótica (enxaqueca), que alude à pressão dolorosa sofrida pela cabeça durante o parto e, de forma bastante direta, a todas as crises de contrações e convulsões que se observam nas crianças pequenas, e mesmo nos recém-nascidos, como uma manifestação prolongada do trauma primário do nascimento. O grande ataque de histeria, enfim, se serve do mesmo mecanismo; no entanto, ele também apresenta, quando atinge o auge do desenvolvimento sexual, a repulsa total na conhecida situação do *arc de cercle* [círculo], que é diametralmente oposta à posição contorcida do feto.[62]

A partir do ataque histérico, que a psicanálise reconheceu como sendo o equivalente da posição do coito e uma defesa contra ele, é possível enunciar alguns problemas do mecanismo da neurose e da escolha da neurose. A repulsa sexual eminente, que se manifesta claramente no ataque histérico, é uma consequência da fixação na mãe. Com essa "linguagem dos órgãos", a doente nega, ao mesmo tempo, o desejo sexual e o desejo de retornar ao corpo materno, sendo que este último a priva de um sentimento sexual normal. Essa sexualização patológica do ato do nascimento é a caricatura daquela que é necessária para a realização do objetivo sexual normal. Por outro lado, toda a libido sexual acumulada ou formada ao longo do desenvolvimento posterior se encontra, por assim dizer, reportada à situação primitiva infantil, o que empresta ao ataque histérico esse caráter voluptuoso descrito por todos os observadores. Poderíamos considerar que a tradução do ataque histérico para a linguagem da consciência seria o grito: "Fique longe dos ge-

---

61. MOXON, Cavendish. Mystical ecstasy and hysterical dream states. *The Journal of abnormal Psychology*, p. 329, 1920-1921, descreve as relações entre os estados de êxtase, enquanto que um trabalho mais aprofundado de Theodor Schroeder (Prenatal psychism and mystical pantheism. *International Journal of Psychoanalysis*, v. III, 1922) insiste no momento pré-natal.

62. Em toda essa concepção talvez caiba uma menção ao sentido mais profundo da histeria enquanto doença "uterina" (ver também EISLER, *Hysterische Erscheinungen am Uterus* [Fenômenos histéricos no útero]. Comunicação no Congresso de Berlim, set. 1922). Também os distúrbios menstruais típicos podem ser facilmente compreendidos nesse sentido, nos quais o parto representaria, na verdade, uma menstruação coletiva. A menstruação, que renova "periodicamente" a existência do útero, parece ter sido incluída pelo homem civilizado no recalcamento da repressão geral do trauma do nascimento. Tendo sido originalmente o índice da mais elevada e mais prazerosa capacidade de fecundação da mulher, ela se tornou, sob influência do recalcamento, o ponto de concentração dos mais diversos distúrbios neuróticos.

nitais (maternos)!", e isso tanto no sentido sexual quanto no infantil. O mesmo mecanismo pode contudo ser encontrado nos demais "deslocamentos" histéricos interpretados pela análise e que, em sua maior parte, tendem a se dirigir à parte superior do corpo ("deslocamento para cima") e, nesse sentido, vale lembrar que é justamente a cabeça a primeira a sair do genital materno, e que essa parte do corpo não apenas experimenta o trauma do nascimento com mais intensidade, como também é a primeira a enfrentá-lo.

Certas análises paticulares deixam a impressão de que a "escolha" posterior da forma da neurose é determinada de uma maneira decisiva pelo ato do nascimento, pelos pontos que foram particularmente afetados pelo trauma[63] e pela reação do indivíduo a esses eventos. Sem querer entrar aqui em detalhes dessas pesquisas, gostaria de formular minha impressão geral de que os deslocamentos, tanto em direção à parte superior (por exemplo, nó na garganta, distúrbios respiratórios) quanto à inferior do corpo (paralisias, contraturas) correspondem, em todo caso, a um movimento divergente em relação ao núcleo genital, um ponto de vista que se revela de extrema importância para a compreensão do tipo e do caráter específicos da neurose em geral e de suas formas de reação, uma vez que ele abrange todas as reações psicobiológicas do trauma do nascimento. Isso significa que os sintomas físicos geralmente procuram, desviando-se da angústia, regredir diretamente à fase pré-natal, o que faz com que a angústia desviada se manifeste, seja de forma direta, seja na forma de um sentimento de culpa sexual que descrevemos anteriormente como forma de defesa do *eu*, o que também explica o significado sexual dos sintomas (por exemplo, rigidez, vermelhidão: ereção). Os sintomas físicos buscam, também tendo como ponto de partida a entrada (e a saída) do aparelho genital materno, atingir o mesmo objetivo, ao seguir o aparelho psicofísico no sentido oposto (formações imaginárias, introversão, alucinações e estados crepusculares estuporados e catatônicos, que podem ser considerados como as fases finais dessa série). As duas vias conduzem ao mesmo fim – a "repulsa sexual" que, em última instância, remete à repulsa ao genital materno: os sintomas somáticos de deslocamento e de "conversão", permitindo que o sujeito substitua os órgãos genitais por outros, que não lhe causem tanto medo; e os sintomas psíquicos, desviando o sujeito de tudo o que é corporal e, com isso, favorecendo os processos de sublimação e as formas de reação cujas realizações mais elaboradas encontramos na arte, na filosofia e na moral.

---

63. A respeito dos defeitos físicos típicos dos heróis recém-nascidos, ver o CAPÍTULO VI.

A psicanálise tem o mérito incontestável de ter reconhecido e analisado em detalhes todas essas intrincadas relações psíquicas. Em contrapartida, ainda é necessária uma fundamentação que comprove o "significado" dos sintomas somáticos. Ora, acreditamos que nossa concepção acerca da importância psicobiológica do trauma do nascimento pode perfeitamente preencher essa lacuna, uma vez que ela recorre a um estado que, pela primeira vez, nos oferece um substrato real para as associações e relações psicofisiológicas. A perspectiva esboçada por Ferenczi em seus estudos sobre a histeria[64] e que foi aplicada por Groddeck no caso das doenças orgânicas,[65] me parece só poder adquirir uma base biológica efetiva se reconhecermos o valor teórico do trauma do nascimento. Da reprodução dos estados de nascimento e intrauterino no sonho, basta um passo para chegarmos às representações correspondentes na histeria e, de lá, mais um passo em direção aos mesmos sintomas puramente orgânicos que parecem ter o mesmo "sentido" e servir às mesmas tendências. Os limites entre esses fenômenos são tão imprecisos, que algumas vezes é quase impossível estabelecer uma distinção diagnóstico-diferencial. Ao remetermos esses fenômenos a um estado primário, onde ainda não existe uma separação entre o psíquico e o fisiológico (Groddeck), tanto o mecanismo quanto o conteúdo e a forma dos sintomas somáticos neuróticos tornam-se inteligíveis. Isso vale tanto para os casos considerados "psíquicos" quanto para aqueles qualificados como neuróticos ou orgânicos. Pois, do nosso ponto de vista é indiferente se, por exemplo, uma lesão anatômica do cérebro, ou uma intoxicação ou, enfim, um evento puramente psicogênico obriga o *eu* a ceder ao eterno impulso do inconsciente e a regredir à fonte primária de satisfação libidinal e de proteção. A similaridade dos sintomas originados por esses motivos variados torna-se então compreensível, e toda a problemática artificialmente introduzida desaparece, pois o indivíduo não pode fazer nada além de percorrer de volta os caminhos do desenvolvimento psíquico, indo tão longe quanto lhe permitam o seu nível de fixação do medo e de recalcamento. Algum problema só surgiria se os sintomas não estivessem tão bem proporcionados como de fato são e necessariamente têm de ser.

Devo me contentar aqui em citar alguns exemplos ilustrativos, deixando para observadores mais experimentados em patologia neurológica e

---

64. *Hysterie und Pathoneurosen* [Histeria e Patoneurose]. Viena, 1919.
65. *Psychische Bedingtheit und psychoanalytische Behandlung organischer Leiden* [Determinismo psíquico e tratamento psicanalítico de males orgânicos], 1917. Ver também a publicação mais recente: *Das Buch vom Es* [O livro do Id], 1923.

interna a responsabilidade de desenvolver essas promissoras considerações. Muitos casos de narcolepsia, tanto as genuínas quanto as histeroides, revelam o estado típico do sono embrionário; já o sintoma da paralisia súbita da vontade, bem como as inibições catalépticas, devem ser consideradas numa relação biológica e racional com essa situação (ou seja, considerando a posição dos membros!). Não me parece sem importância o fato de que a necessidade súbita de sono dos pacientes quase sempre ocorra quando esses se encontram em situações de perigo (ao atravessar uma rua, durante a passagem de um trem etc.), o que nos faz lembrar dos sonâmbulos que gostam de se colocar em situações de perigo e que, no estado normal, lhes causariam medo. Na enfermidade orgânica correspondente, a encefalite, os conhecidos sintomas da troca do dia pela noite, da dificuldade respiratória, e dos tiques, remetem diretamente ao trauma do nascimento.

O aspecto prático mais significativo dessas observações pode ser identificado na conhecida experiência clínica que demonstra com que facilidade esses e outros estados análogos podem ser influenciados psiquicamente.[66] No entanto, é certo que, assim como o mesmo sintoma pode surgir dos lados somático e psíquico, também é possível que ele influencie terapeuticamente a ambos. Se, nos últimos tempos, muito se falou na possibilidade de intervir oportunamente nos ataques de asma, mesmo nos de fundo psíquico, em favor de certas intervenções laringológicas, então isso não nos parece mais duvidoso do que aquelas experiências mais recentes de supressão de fenômenos nervosos em crianças (estados de angústia, sonhos assustadores etc.) através da permeabilização operatória de suas vias respiratórias superiores.[67] Por outro lado, ao tomarmos conhecimento dos mecanismos psicofísicos atuantes nesse caso, não nos surpreende ouvir que as crianças submetidas à narcose desenvolvem diretamente, e durante algum tempo, estados de angústia que, aparentemente, já haviam superado, ou ainda que a angústia em questão (medo de dormir sozinha num quarto escuro, sonhos assustadores, pavores noturnos etc.) se agrava de modo considerável após

---

66. Cito aqui uma observação verbal do Prof. Dr. Paul Schilder, à época da redação do presente trabalho (abril de 1923), que mencionava o caso de uma doente cujos acessos de Coreia de Sydenham (*Chorea minor*) desapareciam assim que a paciente se deitava em seu leito (!) destacando, ainda, a facilidade com a qual as influências psíquicas agiam sobre a astasia-abasia senil.

67. Ver Dr. Stein, em: *Wiener Klinischen Wochenschrift* [Semanário Clínico de Viena] (abril de 1923) e as comunicações de Eppinger (Clínica Wenckebach) e Hofer (Clínica Hajek) à Sociedade Médica de Viena, a respeito do tratamento cirúrgico da asma brônquica.

esse procedimento.⁶⁸ Todos esses fatos se explicam facilmente se admitimos que o sintoma somático (por exemplo, a dificuldade repiratória) mobiliza automaticamente o medo do nascimento, com todo o complexo psíquico a ele relacionado, ou que o sono narcótico remete à situação original. Dependerá do tipo e da gravidade do caso a opção por uma intervenção orgânica (operatória) ou psíquica; esta última ainda não é muito usual, porém, mais cedo ou mais tarde, tendo passado por uma devida simplificação, ela certamente se tornará mais frequente.

Por fim, vale mencionar ainda um problema que nos parece ser de importância geral. Quando praticamos a análise na sequência, por exemplo, de uma neurose obsessiva, consideramos ter obtido um primeiro sucesso logo que conseguimos fazer com que o paciente se retire de suas especulações puramente intelectuais e se remeta a seus estados infantis e preliminares, aos atos obsessivos – eventualmente acompanhados da sensação prazerosa original. Não raro, esse processo produz até mesmo sintomas somáticos de "conversão". A análise demonstra que, num grande número de casos – minha experiência pessoal não me permite afirmar que seja sempre assim, ainda que o tenha observado com regularidade – a neurose obsessiva se irradia a partir de um núcleo "histérico", que podemos supor estar presente no fundo de toda neurose infantil.

Da mesma forma que quase sempre podemos encontrar, por trás da neurose obsessiva, um núcleo histérico diretamente associado ao trauma do nascimento, a análise de certos casos de histeria me mostrou que existe uma tendência, presente desde a primeira infância (trauma grave do nascimento), aos sintomas somáticos ("conversão") e que, na neurose, se coloca em primeiro plano de forma ruidosa, mascarando-a. Além disso, a histeria sempre possui um veio de neurose obsessiva que, se não for descoberto, a própria análise da histeria permanecerá incompleta, e seus sintomas persistirão. Nos casos de histeria feminina de que ainda me lembro, revelou-se com toda clareza que os sintomas somáticos baseados no trauma do nascimento foram completamente empregados na direção do complexo de Édipo (heterossexual), o que permitiu interpretá-los como expressões da transferência da libido para o pai; ou seja, como uma reação à decepção

---

68. Devo a uma pediatra britânica a informação de que crianças, após uma cirurgia nas amídalas sob narcose, geralmente apresentam, durante anos, crises de angústia noturna que os próprios pais (ou outros observadores) relacionam diretamente ao "trauma" da operação. A propósito, esses efeitos também se observam com frequência em adultos, que reagem às cirurgias a que foram submetidos sob narcose com sonhos (ou sintomas) típicos de regressão ao útero materno.

e ao sentimento de culpa. Os sintomas somáticos da neurose se revelaram assim (em pacientes do sexo feminino) como uma sedimentação da libido deslocada patologicamente para o pai (identificação com a mãe). Com a decepção com o pai, uma parte da libido dessa menina é redirecionada para a mãe, a fim de preencher novamente a primeira fixação libidinal que fora parcialmente abandonada (deslocada para o pai). Como isso é um pouco mais difícil de se conseguir, já que, nesse meio-tempo, a mãe foi promovida à concorrente de Édipo, é necessário um instrumento de defesa mais poderoso para completar essa nova separação da mãe, também necessária por motivos biológicos. Esse instrumento é dado pela transformação, descoberta pela análise, do amor em ódio, o mecanismo característico da neurose obsessiva. Mas esse ódio, que deve servir para tornar possível a separação da mãe, representa apenas um outro tipo de fixação nela, que agora está relacionado ao ódio. As tentativas secundárias de libertação conduzem, geralmente sob a traumática impressão causada pela chegada de um irmão ou irmã, ao deslocamento da libido para essa criança ou para o pai, enquanto fatores responsáveis pela separação da mãe. Mas é aqui que devemos procurar as raízes do "desejo de morte" que a paciente dirige à mãe, na tentativa de vencer a própria nostalgia da vida intrauterina pela rejeição da mãe. As reações a esse desejo "sádico" de morte, oposto ao eu, que vão das inibições morais (hipermoral, piedade) às autopenitências mais severas (masoquismo, depressão), já foram detalhadamente estudadas e interpretadas pela análise.

As tentativas de enfrentar esse conflito ambivalente por meio do trabalho intelectual, que retornam de maneira consideravelmente hipertrofiada no pensamento e na cisma compulsivos, pertencem ao período posterior da "curiosidade sexual". Pela demolição dessa superestrutura especulativa, que podemos arrancar do solo através da exposição do medo e da liberação da libido, fazemos com que a angústia primitiva, cerceada no "sistema" e quase impossível de ser encontrada, retorne ao corpo, para deixá-la escoar pela via normal – pela terra, tal como uma corrente elétrica.

Esse processo, que se desenvolve pelas vias psicobiológicas abertas, também pode acontecer em condições menos extremas; ou seja, em escala normal e, com efeito, em vista de muitas lesões orgânicas, temos a impressão de que elas – se assim podemos dizer – poupam o indivíduo do luxo de uma neurose. No entanto, seria mais correto afirmar que a neurose é a substituta mais dispendiosa de uma lesão orgânica banal, tendo por base uma mesma causa. Não é raro nos surpreendermos diante de uma neurose que, com seus sintomas somáticos "plagiados", consegue impedir que uma doença real se instale no mesmo órgão desses sintomas, porque ela a substitui. A esse propósito, vale ainda notar – como Freud já o fizera oportunamente – que, por exemplo, pacientes que sofrem já há muitos anos de graves crises de angústia, têm uma aparência radiante, assim como pacientes que há anos sofrem de insônia, não ficam cansados, como o ficariam aqueles que "realmente" não dormissem há muito tempo. É evidente que o inconsciente recebe do sintoma uma libido primitiva suficiente para compensar o déficit "neurótico".

Dos fenômenos histéricos localizados nas extremidades e que remetem de maneira bastante característica ao trauma do nascimento, sai uma linha reta em direção a certos hábitos ritualísticos e compulsivos que o sujeito adota ao deitar-se em seu leito, e que já podemos observar em crianças e em certos doentes compulsivos que têm o hábito de adiar esse momento para organizar meticulosamente seu armário. Uma vez que esse ritual está associado ao momento de deitar-se, podemos considerar o estado de sono como um retorno temporário à situação fetal.

Sem a pretensão de passarmos das formas intermediárias dos sintomas histéricos para as ações compulsivas como, dentre outras, os tiques,[69] destacaremos apenas a neurose obsessiva clássica, sobre a qual a análise já esclareceu, de maneira definitiva, a forma pela qual o sintoma originalmente somático (ato obsessivo) evolui para uma obsessão puramente psíquica, e mesmo para uma tentativa de enfrentamento intelectual. Se o que dizemos acerca da histeria vale também para os fenômenos somáticos apresentados pelos doentes obsessivos (tiques, por exemplo), então a cisma e o pensamento compulsivos, como a análise já demonstrou, remetem ao problema infantil da origem das crianças ("criança anal"), ligando-se com isso às primeiras tentativas infantis de uma superação intelectual do trauma do nascimento. Com essas tentativas, e por meio da "onipotência das ideias", o doente obsessivo se encontra novamente na situação primitiva desejada (Ferenczi),[70] da qual, entretanto, busca sair, à sua maneira, por meio de especulações filosóficas sobre a morte e a imortalidade, assim como sobre o que está além das punições do inferno. Deste modo, ele repete a projeção,

---

69. Também devem ser elencadas aqui os chamados "atos por impulso" (Stekel), que geralmente ocorrem em estados (histéricos) de sonolência (impulso de andar: caminho de casa – volver!, piromania: fogo – calor-mãe).

70. Entwicklungsstufen des Wirklichkeitssinnes [Estágios de desenvolvimento do sentido de realidade]. *Zschr.* I, 1913.

aparentemente inevitável, da vida pré-natal no futuro e após a morte – e que, por milhares de anos, conduziu a humanidade pelas veredas mais tortuosas da superstição religiosa, culminando na doutrina da imortalidade, ainda hoje bastante viva nas grandes massas, na forma de um forte interesse pelo suprassensível e pelo oculto, com todo seu universo de espíritos.[71]

As oscilações afetivas do doente obsessivo aproximam-se bastante da ciclotimia, de sua tendência à formação de sistemas especulativos e certas formas de psicose declarada. A ciclotimia, com sua alternância brusca entre a melancolia e a mania, relaciona-se muito diretamente com a reprodução de estados afetivos anteriores e posteriores ao trauma do nascimento, na medida em que o doente revive o mecanismo primitivo da transformação do prazer em sofrimento diante da perda do primeiro objeto de sua libido, ou seja, da separação do corpo materno. Por isso essa forma de doença é de especial importância para o estudo do problema da oscilação entre prazer e desprazer. Pela análise de estados de depressão profunda, podemos chegar, por assim dizer, a uma precipitação cristalizada da libido aí processada; ela se manifesta com frequência enquanto "excitação sexual por toda a superfície do corpo". A fase melancólica que, numa maneira mais adequada para exprimir sua natureza mais profunda, é chamada de "depressão", é caracterizada por sintomas somáticos que remetem à situação intrauterina,[72] enquanto que o sentimento de tristeza expressa o *post natum omne animal triste est*. Do ponto de vista somático, a fase maníaca que sucede a fase melancólica é caracterizada, ao contrário, pela vivacidade e pela mobilidade pós-natais, enquanto que o sentimento de felicidade e bem-aventurança correponde à satisfação pré-natal da libido. O interessante mecanismo dessa distribuição singular, na qual se cruzam sentimento e conteúdo, será esclarecido quando tratarmos do mecanismo referente ao prazer e ao desprazer. Aqui, onde se trata apenas de destacar um novo ponto de vista de maneira esquemática e elementar, é preciso que nos furtemos a mostrar como a análise torna compreensível o mais sutil dos detalhes da formação dos sintomas bem como o mecanismo de distribuição dos sentimentos segundo a nossa concepção.

---

71. Não resisto aqui a reproduzir a maneira absolutamente característica pela qual Thomas Mann, tendo assistido a uma seção de ocultismo do médium Schrenck-Notzing durante uma conferência em Viena, em 29 de março de 1923), o descreve: "A situação ganha um aspecto místico apenas com a respiração difícil do médium, cujo estado sem dúvida faz lembrar o momento do parto".

72. Atitude corporal deprimida, encolher-se na cama, ficar o dia inteiro deitado, sem se mexer, recusar-se a comer, a falar, a fazer qualquer movimento etc.

A correspondência entre os sintomas que caracterizam a situação libidinal pré e pós-natal se complexifica na prática pelo fato de que no próprio ato do nascimento, cujos fenômenos psíquicos concomitantes não podemos observar diretamente, comporta a experiência essencialmente "traumática", mas também os momentos agradáveis ou, pelo menos, relativamente agradáveis, aos quais supostamente também é possível regredir.[73]

Gostaríamos apenas de destacar ainda que a melancolia se distingue dos sintomas puramente neuróticos pelo fato notável de que ela usa não apenas o corpo do próprio doente como instrumento de representação da situação primitiva, mas também dados do mundo exterior (por exemplo, deixar os ambientes escuros) com o mesmo objetivo – o que podemos assinalar como sendo o elemento "psicótico" de tal estado. Se, ao retirar-se do mundo exterior, o melancólico diminui consideravelmente sua adaptação a este, então seus delírios psicóticos sistemáticos, cujos conteúdos anseiam notadamente a uma reconstituição da situação primitiva, devem substituir o mundo exterior, tão favorável à libido, pelo melhor dos mundos – aquele que corresponde à existência intrauterina. Sempre que nos vimos diante de alguém com um tal histórico clínico e, mais especificamente, que faça parte do amplo grupo dos dementes precoces, encontramos inúmeras representações de fantasias relacionadas ao nascimento e que correspondem, em última análise, a reproduções do estado pré-natal, seja de forma indireta, mas numa linguagem privada de sentimento, seja através de expressões simbólicas, cujo significado se torna facilmente compreensível por causa da abordagem psicanalítica dos sonhos.

Devemos os primeiros passos valorosos na compreensão do "conteúdo da psicose" à sagaz escola psiquiátrica de Zurique que, sob a direção de Jung e Bleuler, não tardou a reconhecer a importância eminente, para a psiquiatria, dessas descobertas da psicanálise, tornando-as aplicáveis.[74] Depois que

---

73. Nesse caso, contudo, parece tratar-se de possibilidades normais de regressão que, por oposição à mania, poderíamos simplesmente chamá-las de "eufóricas". Para designar essa situação afetiva, poderíamos utilizar o termo "vontade de angústia", proposto por Hartenberg.

74. Ver o relatório de Jung sobre a literatura relevante sobre o tema no *Jahrbuch für psychoanalytische und psychopathologische Forschungen*, v. II, 1910, p. 356-88 (para a literatura correspondente de autores alemães e austríacos, ver Abraham, e também seu trabalho: Die psychosexuellen Differenzen der Hysterie und Dementia praecox [As diferenças psico-sexuais da histeria e da *dementia praecox*], *Jahrbuch*, I, p. 546 ss, 1908, com sequência no *Jahrbuch*, VI, p. 343 ss, 1914, seguido de *Bericht über die Fortschritte der Psychoanalyse in den Jahren 1914-1919* [Relatório dos progressos da psicanálise nos anos 1914-1919]. Viena/Leipzig, 1921, p. 158 ss. Ver em especial os primeiros trabalhos de Jung: *Über die Psychologie der Dementia praecox* [Sobre a psicologia da *dementia praecox*]. Halle, 1907, e *Der Inhalt der Psychose* [O conteúdo da

Freud em 1894 recorreu a um mecanismo de defesa para explicar certas psicoses alucinatórias, demonstrando pela primeira vez, em 1896, que o "recalcamento" também poderia se mostrar eficaz em casos de paranoia,[75] levou um decênio até que a Escola de Zurique empreendesse o primeiro grande progresso nesse domínio. Pouco tempo depois, em 1911, Freud publicou sua grande análise de um caso de paranoia (Schreber), no qual – baseando-se em seus próprios trabalhos anteriores e empregando os valiosos resultados da Escola de Zurique – nos fez compreender, pela primeira vez, o mecanismo psíquico e a estrutura da psicose. Com isso, a atitude "homossexual" e a defesa contra essa orientação feminina da libido pelo homem revelaram-se como o elemento mais importante deste mecanismo, que também pode ser submetido à tendência mais geral de superação do trauma do nascimento[76] – no sentido da identificação com a mãe e com o ato do nascimento (criança anal). Com essas análises de Freud, tornou-se possível uma compreensão teórica da psicose, o que deu ensejo a uma série de trabalhos que seus discípulos consagraram a esse tema.[77] Essas concepções revolucionárias se impuseram com alguma dificuldade na psiquiatria geral nos últimos tempos, porém, elas parecem exercer uma influência decisiva na orientação dos psiquiatras da mais nova geração.[78] Por trás desses resultados está o ponto de vista evolucionista, um mérito incontestável da Escola de Zurique (Honegger, Jung), ainda que Freud tivesse razão em insurgir-se contra seu abuso metodológico, ao mostrar que a análise individual ainda

---

psicose]. Leipzig e Viena, 1908. E também os relevantes e fundamentais trabalhos de Honegger, Itten, Maeder, Nelken, Spielrein, entre outros, em diferentes volumes do *Jahrbuch*. E, por fim, citemos a grande obra de Bleuler: *Dementia praecox oder Gruppe der Schizophrenien* [*Dementia praecox* e o grupo dos esquizofrênicos], 1911, que se propõe principalmente a aplicar as ideias de Freud à demência precoce.

75. *Die Abwehrneuropsychosen* [Psiconeuroses de defesa] e *Weitere Bemerkungen über die Abwehrneuropsychosen* [Novas observações sobre as psiconeuroses de defesa]. *Kleine. Schriften I*.

76. Na paranoia clássica, podemos descobrir facilmente, por trás dos sintomas mais ruidosos, o sintoma primitivo da angústia (mania de perseguição!), bem como por trás das barreiras de proteção das fobias ou das reações da neurose obsessiva.

77. Bibliografia: *Jahrbuch*, VI, p. 345 ss; *Bericht*, p. 158.

78. Ver particularmente os interessantes trabalhos do Prof. Paul Schilder (Viena) e sua última monografia: *Seele und Leben* [Alma e vida]. Springersche Monographien, Berlim, 1923. O trabalho de Alfred Storch (Tübingen) foi publicado quase ao mesmo tempo: *Das archäisch-primitive Erleben und Denken des Schizophrenen* [A experiência e o pensamento arcaico-primitivo dos esquizofrênico]. Berlim, 1922, e se baseia quase inteiramente na concepção analítica, sem contudo entregar-se a ela sem reservas, como fez Schilder. As valiosas contribuições de Nunberg (em: *Zschr.*) são puramente analíticas.

tem muito potencial a ser explorado, antes que lancemos mão de materiais ou pontos de vista filogenéticos. Essa advertência naturalmente não foi de muita serventia, e assim vemos eminentes psiquiatras que buscam estabelecer comparações descritivas entre a psicologia do esquizofrênico e do homem primitivo.[79] Quando, por exemplo, Storch compara, em seu trabalho de interesse inconstestável, as atitudes afetivas arcaico-primitivas às "*magico--tabus*", destacando a "união mística" e a "identificação cósmica", ele dá um passo atrás em relação à psicanálise, por não empregar a compreensão psicanalítica para explicar a atitude esquizofrênica, contentando-se tão somente em justapor as duas atitudes. Ele não percebe que assim substituiu um problema absolutamente simples de psicologia individual por um problema etnológico bem mais complexo.

Nossa concepção tende, antes, a levar um pouco mais longe a análise psicológica individual, a fim de encontrar novas explicações para os enigmas da psicologia coletiva. E o ponto de vista aqui defendido, da importância capital do trauma do nascimento, nos parece mais próximo da solução. Nas psicoses, a tendência à regressão é tão pronunciada, que podemos perfeitamente esperar encontrar nela a maior aproximação possível da situação primitiva. E, de fato, o conteúdo da psicose se revela, de uma parte, de um modo bastante direto e, de outra, pelos próprios sintomas de desagregação do pensamento e da linguagem – esta última, completamente tomada por representações do nascimento e da vida intrauterina.

Temos de agradecer ao dedicado trabalho dos psiquiatras que, ao nos transmitir de forma minuciosa seus históricos clínicos, cujos materiais foram empregados segundo o ponto de vista analítico, nos possibilitaram confirmar, nas psicoses, a validade dos resultados obtidos graças à análise da neuroses. Mencionei anteriormente uma bibliografia que apresenta um vasto material referente a esse tema, e gostaria agora de me ater à última publicação de Storch que chegou às minhas mãos. "Um doente, aproximando--se de um estado de estupor, faz movimentos de rotação contínuos, ao mesmo tempo em que sua mão desenha círculos em torno do umbigo. Quando questionado, ele explicou que pretendia fazer um buraco (para quê?) para recuperar sua liberdade. Não foi possível saber mais do que isso". É evidente, contudo, que o paciente alimenta a intenção inconsciente de retornar ao interior do corpo pois, de outra maneira, o "símbolo" permaneceria incompreensível. Ele alega o mesmo motivo até para explicar um

---

79. Ver também o trabalho de Prinzborn: *Bildnerei der Geisteskranken* [Configuração dos doentes mentais]. Berlim, 1922, que traz materiais interessantes.

ato muito ostensivo de castração: "Alguns dias após esse incidente que acabamos de relatar, o doente arrancou uma falange de tanto morder seu dedo. E só depois de vencer muitos bloqueios, ele apresentou uma motivação: 'quando arranco uma falange, atraio para mim outras pessoas, para mostrar-lhes que me falta um pedaço'. Sendo ainda questionado, ele prosseguiu: 'eu queria me libertar, escapei pelo buraco, como um besouro'" (p. 7). Storch supõe que não se trata apenas do desejo de se libertar da clínica mas, em sentido analítico, de uma "vaga" ideia de uma libertação do útero materno (nascimento umbilical), e observa ainda que, para o doente, como para muitos esquizofrênicos, a ideia do retorno ao corpo materno soa tão natural quanto a da reencarnação para os primitivos. Uma jovem esquizofrênica que, quando criança, fora violentada pelo próprio pai e conseguira fugir de casa, teve um delírio durante um estado catatônico, no qual ela aparecia, ao mesmo tempo, como o menino Jesus e como Maria, sua mãe (p. 61). A mesma paciente "falava de uma dissociação entre sua própria juventude e sua personalidade atual". Ela tinha a sensação de que duas pessoas se encontravam em seu corpo, uma com um passado odioso, e outra, que seria "algo de mais elevado, suprassexual" (p. 77-8). Uma outra doente (p. 63) fez da enfermeira uma entidade divina, dizendo que "tudo estaria contido nela e na enfermeira, desde Cristo até o que havia de mais vil". (Ao ser questionada sobre sua relação com a enfermeira), "nós somos uma coisa só, duas em uma, ela é o Senhor Deus e, eu, a mesma coisa que ela... eu estou na enfermeira e a enfermeira está em mim". Uma outra vez, ela disse ter "todo o mundo dentro de si", respondendo de uma maneira característica quando questionada sobre o sentido do que havia dito (p. 80).

Alguns doentes apresentam a tendência à regressão sob a forma do desejo de não ter crescido, o que também representa um contraste ao desejo de crescer, frequente nas crianças. "Um esquizofrênico de trinta e poucos anos se queixava, num tom irritadiço, de ter sido transformado em criança: "não sou mais um homem, sou uma criança; quando minha mulher veio me visitar, eu não era o homem, marido de uma mulher, eu fiquei ali sentado como uma criança junto de sua mãe" (p. 57). Ao contrário de outros casos, nos quais "a transformação em mulher ou criança é experimentada pelo doente como uma diminuição ou uma humilhação de seu eu", observa Storch, "tivemos oportunidade de fazer a experiência contrária com jovens esquizofrênicos, que tinham acabado de passar pelo limiar entre a infância e a vida adulta. Não raro encontramos neles um pavor muito pronunciado diante da vida e da perspectiva de se tornar um adulto; em alguns casos, esses sentimentos estavam em conflito com uma intensa vitalidade e uma grande necessidade de amor. Para escapar a esse conflito, eles anseiam se refugiar na infância..." (p. 89). Acredito que, nessa tendência, temos o núcleo daquilo que, também do ponto de vista psicológico, justificaria a designação desse quadro clínico como "demência precoce" (*Dementia praecox*). Outros doentes reproduzem diretamente a antiga teoria da cloaca, isto é, da estada no corpo materno, como o doente que "não acredita que as crianças nasçam através do reto, e sim que exista uma passagem entre o 'saco', dentro do qual, segundo ele, a criança cresce dentro da mãe, e as partes inferiores do intestino, através das quais o embrião expele seus excrementos. A criança está dentro do saco, forrado de excrescências que substituem os seios maternos. Desse saco sairia um 'canal' até o ânus, 'de modo que a criança possa se livrar do alimento que absorve junto com o leite'. Antes do nascimento, o canal é obstruído, desaparece, pois só estava ali para limpar" (p. 42). Uma outra paciente, catatônica e com coprofagia, fornece diretamente uma motivação embrionária para sua atitude, ao relatar que "em seus estados psicóticos, ela se sente impelida a beber sua urina e comer suas fezes. Uma vez que, antes de ter essa necessidade, ela havia sentido que iria perder suas forças, passou a acreditar que precisava daquelas substâncias para seu 'restabelecimento'". Num caso de catatonia analisado em profundidade por Nunberg, a deglutição dos excrementos simbolizava uma autofecundação e uma regeneração.[80] Storch resume assim a situação (no capítulo "Segundo nascimento"): "Estamos diante da ideia da morte e da ressurreição, da ideia de uma passagem através da morte, de um nascer de novo e, por fim, da divinização; também encontramos as vestimentas primitivas e sensíveis da *ideia de um segundo nascimento, a representação de um processo real* de um segundo nascimento etc. Assim, o pensamento complexo do doente faz com que as ideias de nascimento e filiação não dissociem mais o *parir* do *ser parido*, ou a *mãe* do *filho*" (p. 76) (Grifos nossos).

Mas não é apenas o conteúdo das formações delirantes que parece incontestavelmente tomar essa direção, também os estados psíquicos excepcionais, tais como alucinações, estágios crepusculares e catatonias podem ser entendidos como regressões progressivas ao estado fetal. Devemos a primeira tentativa ousada de formular essa concepção a partir dos materiais analíticos ao saudoso Tausk e seu valioso trabalho "Sobre a origem do aparato de

---

80. Über den katatonischen Anfall [Sobre o ataque catatônico]. *Zschr.*, VI, 1920.

influência da esquizofrenia",[81] que ele identifica na projeção do próprio corpo do doente no útero materno. "Essa projeção seria portanto um mecanismo de defesa contra uma posição da libido correspondente ao fim do desenvolvimento fetal e ao início do extrauterino" (*op. cit.*, p. 23). A partir desse princípio, Tausk procura explicar os diversos sintomas esquizofrênicos: "A catalepsia, a *flexibilitas cerea*, não poderia corresponder àquele estágio no qual o homem sente que seus órgãos não lhe pertencem, abandonando-se à força de uma vontade alheia? [...] Não poderia o estupor catatônico, que representa a negação total do mundo exterior, significar um retorno ao útero materno? Esses sintomas catatônicos mais graves parecem ser o *ultimum refugium* de uma psique que renuncia às funções mais primitivas do eu, retornando completamente ao estado fetal e à fase do aleitamento. O sintoma catatônico, a estagnação negativista do esquizofrênico, nada mais são do que uma recusa do mundo exterior que se expressa na linguagem "orgânica". O reflexo de sucção da fase final da paralisia progressiva não seria a prova de uma tal regressão ao período do aleitamento? Muitos doentes até tomam consciência dessa regressão ao período do aleitamento e até mesmo ao estado fetal – essa última apenas enquanto uma ameaça que tem como consequência a evolução da doença. Um paciente me disse: "Sinto que sempre serei jovem e pequeno, agora tenho quatro anos de idade, logo serei um bebê de fraldas e retornarei para o ventre de minha mãe" (p. 23 ss). Tausk acredita, portanto, que a fantasia do retorno ao útero materno,[82] que deveria ser considerada como "fantasia primitiva" pré-formada atavicamente, surge enquanto "realidade patológica sintomática da psique que regride na esquizofrenia".

Se considerarmos então a realidade do trauma do nascimento com todas as suas graves consequências, podemos não somente confirmar com segurança as hipóteses formuladas por Tausk, como também fundamentá-las de forma sólida, atingindo a compreensão de outros sintomas de doenças psíquicas que se relacionam diretamente ao trauma do nascimento e apenas indiretamente à fase anterior. É o que ocorre com todas as crises, especialmente as ditas epiléticas,[83] que denunciam, tanto pela forma quanto

---

81. *Zschr.*, V, 1919.
82. Ele observa, a propósito, que a expressão "fantasia de retorno ao útero materno" [*Mutterleibsphantasie*], provém de Gustav Grüner.
83. Num trabalho fundamental para as concepções expostas aqui, Entwicklungsstufen des Wirklichkeitssinnnes [Níveis de desenvolvimento do senso de realidade]. *Zschr.*, 1913. Ferenczi já demonstrava a natureza pantonímica do ataque epilético, que remetia a uma fase primitiva da linguagem gestual.

pelo conteúdo, as reminiscências mais evidentes do ato do nascimento. Contudo, encontramos nessas crises, como também na ciclotimia, uma separação em dois tempos, ainda que sem a reversibilidade temporal própria da última, pois a aura que precede o grande ataque de epilepsia, com seu sentimento de felicidade tão magistralmente descrito por Dostoiévsky, corresponde à satisfação pré-natal da libido, enquanto que o ataque convulsivo reproduz o ato do nascimento.

Todos esses sintomas mórbidos psicóticos têm em comum o fato de representarem, do ponto de vista analítico, uma regressão da libido ainda mais pronunciada que a observada nas neuroses, na medida em que completam a perda do objeto primitivo da libido numa projeção que podemos chamar de cósmica, destacando sua libido do mundo exterior que, por sua vez, é o substituto da mãe. Nesse processo, porém, esses sintomas retornam à situação primitiva (mãe e filho) através da incorporação (Introjeção) dos objetos em seu eu. Nesse mecanismo essencialmente psicótico, que mantém dentro de certos limites os distúrbios da relação com o mundo exterior, a paranoia clássica – e as formas paranoicas da psicose em geral – produzem uma imagem do mundo que é a mais próxima da mitológica.[84] A paranoia parece ser caracterizada pelo fato de que, nela, o mundo exterior é carregado de uma libido de uma intensidade exagerada para uma "adaptação" normal, o mundo inteiro, por assim dizer, é transformado em útero, a cujas influências nocivas o doente está exposto (correntes elétricas etc.).[85]

---

84. Ver em minha obra *Der Mythus von der Geburt des Helden* [*O mito do nascimento do herói*]. 1909 [Trad. brasileira de Constantino Luz de Medeiros. São Paulo: Cienbook, 2015. (N.E.)], a caracterização "paranoica" dos produtos da imaginação mítica (p. 75; 2. ed., 1922, p. 123).

85. Vale notar que o paranoico Strindberg encontrou a explicação para as primeiras percepções da criança, que são fome e angústia, nas influências pré-natais (em sua obra autobiográfica, *Die Vergangenheit eines Toren* [*O passado de um louco*]. Não vamos nos deter aqui às relações, mas apenas nas observações relevantes para nossa concepção (*apud* Storch, *op. cit.*, p. 46 ss). Quando sua amada o troca por outro, ele sente "um abalo em todo seu complexo psíquico", pois, "era uma parte dele mesmo que agora foi levada por outro, brincaram com uma parte de suas entranhas" (*Entwicklung einer Seele* [Desenvolvimento de uma alma], cap. 5). "No amor, ele se funde com a mulher amada; mas então, quando ele 'perde a si e a sua forma', seu instinto de conservação é despertado e, com medo de perder 'seu eu através da poder uniformizante do amor', ele procura libertar-se desse amor, para reencontrar a si mesmo como algo 'que existe por si mesmo'" (*Entzweit* [Apartado], caps. 2 e 3). Passada a psicose, ele se recolhe à solidão, "envolvendo-se na seda de sua própria alma"(*Einsam* [Solitário], cap. 3). Sobre a fase tardia de sua esquizofrenia, ele conta ter tomado medidas de proteção contra as correntes que o perturbavam durante a noite: "Quando estamos expostos à corrente de uma mulher, geralmente durante o sono, podemos nos isolar; uma noite, por acaso, eu enrolei em torno do meu pescoço e dos meus ombros um tecido de lã e, naquela noite, fiquei protegido, embora ainda sentisse os ataques das correntes". Por fim, ele também confessa que, nele, a "perseguição" se

Por meio de uma inversão afetiva (o ódio) em relação ao pai, toda a situação do útero materno protetor torna-se aqui, em seu significado cosmológico e cultural, um único objeto gigantesco e hostil, que persegue aquele que se identifica com o pai (herói) e que sempre o desafia para novos combates.

Como Freud já observou, nessa tendência de retorno à mãe que o psicótico visa realizar por meio da projeção, o percurso mórbido-psicótico pode ser visto como uma tentativa de cura, como também pudemos constatar com toda clareza em nossas análises. Na psicose, contudo, o doente não consegue achar o caminho que pode tirá-lo desse labirinto subterrâneo da situação intrauterina e trazê-lo à luz da cura, enquanto que o neurótico consegue perfeitamente voltar à vida, ao reencontrar o fio de Ariadne da lembrança, que lhe foi lançado pelo analista.

Tal como Freud relaciona a histeria à produção artística, e a neurose obsessiva à formação de uma religião e à especulação filosófica, podemos aproximar as psicoses da concepção mitológica do mundo. Uma vez que os psiquiatras, engajados na abordagem psicanalítica, reconheceram o conteúdo da psicose como sendo "cosmológico", não estamos autorizados a dar um passo adiante em direção à própria análise das cosmologias, e então descobriremos que elas representam nada mais que a reminiscência infantil do próprio nascimento, projetadas na natureza. Reservo para uma obra que venho preparando já há muito tempo, intitulada *Microcosmo e macrocosmo*, uma fundamentação mais aprofundada dessa concepção, apoiando-me num rico material mítico-cosmológico. Por ora, posso apenas fazer referência a alguns de meus trabalhos anteriores que exploram o domínio da mitologia. Neles, procuro mostrar que o problema do nascimento humano de fato está no centro do interesse mítico e do infantil, influenciando de forma decisiva no conteúdo dos produtos da imaginação.[86]

---

liga à angústia, e ele atribui a sua inquietude o "pânico diante de tudo e de nada". – A infância infeliz de Strindberg e seu "complexo materno" em particular são bem conhecidos (ver minha obra *Inzestmotiv*, 1912, p. 32, nota), e a partir deles podemos compreender todo o seu desenvolvimento, sua personalidade e sua produção.

86. Ver meus trabalhos: *Der Mythus von der Geburt des Helden* [O mito do nascimento do herói], 1909; *Die Lohengrinsage* [A lenda de Lohengrin], 1911; *Das Inzestmotiv in Dichtung und Sage* [O tema do incesto na literatura e no mito], 1912 (especialmente o cap. IX) e, finalmente, *Psychoanalytische Beiträge zur Mythenforschung. Gesammelte Studien aus den Jahren 1911-1914* [Contribuições psicanalíticas para a pesquisa sobre os mitos. Estudos reunidos dos anos 1911-1914], 2. ed., expandida, 1922 (especialmente as referências à lenda do dilúvio e às narrativas que envolvem animais).

V
A ADAPTAÇÃO SIMBÓLICA

Antes de tratarmos das elaborações míticas do trauma do nascimento nas grandes criações compensatórias que são as lendas dos heróis, mencionaremos alguns fatos mais próximos e de maior importância humana, e que revelam, de uma maneira impressionante, o significado fundamental do trauma do nascimento e do eterno anseio de superá-lo. Esses fatos biológicos podem nos fazer compreender a adaptação do homem normal, localizado entre as tendências associais neuróticas e as realizações heroicas sobre-humanas, e ainda, como essa adaptação, a que chamamos de civilização, pode ser bem-sucedida nele.

O estado de sono que se produz automaticamente a cada noite, relaciona-se ao fato de que o homem normal, como é esperado, nunca supera completamente o trauma do nascimento, já que ele passa metade de sua vida num estado quase idêntico ao intrauterino.[87] Entramos automaticamente nesse estado assim que escurece – como no caso da angústia da criança dentro de um quarto escuro – ou assim que o inconsciente identifique de alguma forma as circunstâncias exteriores com o estado primitivo. Por isso também o cair da noite, na imaginação de todos os povos é concebido, numa interpretação antropológica, como um retorno do sol ao corpo materno (o mundo subterrâneo).[88]

---

87. Ver a esse respeito Freud: *Vorlesungen* [Conferências]. Taschenausg, p. 80) e Ferenczi: *Entwicklungsstufen des Wirklichkeitssinnes* [Níveis de desenvolvimento do senso de realidade]. *Zschr.*, 1913. A insônia neurótica parece, em todos os casos, basear-se numa repressão muito intensa dessa necessidade biológica, às custas de tendências libidinais (para a mãe), como no sonambulismo em todas as suas formas. A isso também se liga o medo tão frequente de ser enterrrado vivo (ver *A interpretação dos sonhos*, 2. ed., p. 199, nota), e seu contraponto "perverso", a necrofilia.

88. A lua, com seu surgimento e desaparecimento periódicos, parece ser ainda mais adequada à representação mitológica desse anseio, sempre renovado, por um retorno à vida intrauterina e,

No estado de sono, que nos remete diariamente à situação intrauterina, temos sonhos dos quais nos servimos, como já sabiam os antigos, de símbolos singulares que a psicanálise reconhece empiricamente, mas cuja origem e significado humano e universal ainda não foram totalmente compreendidos. Ora, os sonhos analíticos, cuja compreensão é o ponto de partida para o processo de cura, revelam que, em última análise, esses símbolos geralmente representam, no sonho-desejo, uma estadia no útero materno, enquanto que no sonho-angústia, são reproduzidos o trauma do nascimento e a expulsão do paraíso, o que quase sempre vem acompanhado de sensações físicas e outros detalhes que são realmente vivenciados. A satisfação alucinatória do desejo do *eu* onírico narcísico, cuja compreensão Freud relaciona ao estado embrionário,[89] revela-se, a partir da análise de sonhos que não sofreram nenhuma influência, como sendo um retorno real à situação intrauterina e uma reprodução também real desta, e que são realizados no estado de sono, de modo puramente psicológico e, em larga escala, também físico. De fato, a composição dos sonhos se mostra, sob muitos aspectos, ao menos segundo sua tendência inconsciente, postulada por Freud, de satisfazer os desejos, como um retorno *in uterum* mais completo que aquele realizado pelo sono puramente fisiológico.[90] O caráter infantil do sonho retrocede muito mais longe e é, portanto, muito mais profundo do que acreditávamos até então, porque nossa consciência, concebida para perceber o mundo exterior, não é capaz de compreender esse inconsciente extremamente profundo.

---

nos mitos, a lua não apenas surge enquanto uma mulher grávida e que dá à luz, mas também como a criança que desaparece e reaparece. A deusa da lua também é considerada uma auxiliar do parto (parteira), o que tem a ver com sua influência na menstruação. A "coincidência entre o mênstruo feminino e as fases lunares que, até hoje, persiste nas crenças populares", leva Th. W. Danzel a afirmar que a periodicidade astronômica só aparece enquanto expressão simbólica de períodos e ritmos subjetivos na consciência e são baseados no calendário que, nas regiões austrais (China, Babilônia, México, Egito) era considerado "um livro dos dias bons e maus" (ver *Mexiko*, v. I., p. 28. In: *Kulturen der Erde*, v. XI, Darmstadt, 1922). "O período Total-anatl, que assume uma função especial no calendário mexicano, talvez se justificasse, além dos períodos astronômicos, também pela duração da gravidez" (Danzel, *Mexiko*, v. II, p. 25). Fuhrmann (*Mexiko*, v. III) levanta a hipótese com mais segurança, ao remeter o ano mexicano ao período pré-natal do homem e a nova maneira de contar o tempo (que não é baseada na rotação solar) ao ano fetal (p. 21).

89. *Methapsychologische Ergänzung zur Traumlehre* [Complemento metapsicológico à doutrina dos sonhos], 1917.

90. Isso talvez explique porque a vida onírica, sob influência da situação analítica, geralmente começa a florescer de forma tão surpreendente, e mesmo aumenta de forma exuberante.

Uma vez que um rico material de análise sobre esse tema está prestes a ser publicado,[91] apenas lembrarei aqui que os sonhos de desejo e de angústia, considerados por Freud como os tipos principais, podem ser facilmente explicados pelo retorno à situação primitiva e pela penosa interrupção dessa situação pelo trauma do nascimento,[92] para então introduzir ainda um terceiro tipo de sonho, também estabelecido por Freud: o sonho punitivo. Quando aquele que sonha – na maioria das vezes, alguém bem-sucedido na vida – um belo dia retrocede a uma situação penosa, aparentemente para se punir, então, como Freud já demonstrou, ele é levado a isso não apenas por uma tendência "masoquista" de rejuvenescimento, mas também, em última análise, pelo desejo de um retorno prazeroso ao útero materno. É o que acontece de forma típica no chamado "sonho de prova", um tipo de sonho-angústia comum a quase todos os homens, e que remete precisamente aos limites do medo dos exames na época escolar. O pensamento consolador pré-consciente que confere ao "sonho de prova" sua expressão – ou seja, de que "outora" tudo também correra bem –, geralmente se relaciona de maneira mais profunda ao ato do nascimento que, a propósito, torna compreensível a representação tanto do tranquilo "deslizar", quanto do terrível "fracasso" que costuma ocorrer nesses sonhos. O que ainda resta esclarecer é o intenso sentimento de culpa que geralmente se associa a esse desejo primitivo e que tem conexões evidentes com o sentimento de angústia do nascimento, que deve evitar sua completa reprodução, assim como o fato de "ficar em pânico" durante a situação de prova também impede o retorno posterior ao trauma do nascimento.

O oposto do sonho punitivo, o sonho de comodidade, pode ser entendido como uma tentativa de restabelecer a situação intrauterina, ainda que aparentemente ele seja desencadeado por necessidades reais, como fome ou vontade de urinar. Pois durante o sono fisiológico, a tendência a satisfazer livremente as necessidades corporais permanece desperta, como na vida intrauterina (incontinência noturna, poluções na idade sexual e equivalentes ao incesto, o que explica porque os sonhos incestuosos autênticos tão

---

91. Rank se refere ao seu estudo *Microcosmo e macrocosmo*. (N.T.)
92. O despertar, especialmente após um sonho angustiante, geralmente reproduz o processo do nascimento, do "vir ao mundo". Isso seria o simbolismo do "limiar" (Silberer), que também aparece na mitologia, de modo inequívoco, como uma situação de nascimento. (Ver RÖHEIM. Die Bedeutung des Überschreitens [A importância do transpor]. *Zschr.*, v. VI, 1910, na sequência do trabalho de Sra. Sokolnicka, publicado no mesmo número). A propósito, o sintoma do "limar" relacionado ao nascimento também se manifesta nas frequentes contrações das pernas no momento de adormecer.

frequentemente são acompanhados de poluções; por outro lado, os sonhos que provocam poluções quase sempre representam um desejo incestuoso explícito). Mesmo o desejo "cômodo" de dormir, que Freud destaca como sendo essencial para a formação dos sonhos, corresponde à tendência de retornar à situação intrauterina.

Todos os sonhos que contêm sensações físicas, ainda que essas sejam causadas por estímulos exteriores[93] – como os sonhos de comodidade provocados por estímulos internos – permitem um retorno sem obstáculos à situação primitiva. Por exemplo, a sensação de frio que vem quando a coberta escorrega, é interpretada pelo inconsciente como a primeira perda de uma cobertura protetora, que por sua vez é compensada pelo retorno simbólico (pelo sonho) ao útero materno. Ocorre algo semelhante com a sensação de entrave e de voo que, com alguma frequência, se alternam num mesmo sonho: o primeiro caso é mais frequente em pessoas que tiveram um nascimento difícil (entravado) e cujo inconsciente usa essa dificuldade no sentido de realizar o desejo intenso de permanecer dentro da mãe; no segundo caso, o violento trauma do nascimento é transformado, no sentido da lenda da cegonha, numa saída mais fácil do útero; contudo, nas profundezas do inconsciente, a sensação de voo, de uma agradavel suspensão, reproduz a permanência na situação intrauterina primitiva (representações de anjos alados, das almas dos que ainda não nasceram etc.); a situação de angústia correspondente aparece reproduzida nos sonhos com quedas.

Notamos aqui, num resumo antecipado, que os tipos de sonhos e sensações tratados até agora dizem respeito a experiências bastante gerais, cujo caráter típico se explica justamente pela experiência universalmente humana que é o nascimento.[94] Isso também vale para sonhos que, devido a seu conteúdo latente, a análise considera como típicos e dentre os quais eu gos-

---

93. Aqui também é lançada uma nova luz sobre os sonhos ditos "experimentais". Os estímulos aplicados são interpretados no sentido da situação primitiva (posição dos membros etc.), tanto mais quando aquele que as experimenta as escolhe inconscientemente (colocar uma máscara sobre o rosto, excitação do nariz, cócegas nas solas do pés etc.).

94. Isso também se aplica ao sonhos acompanhados da sensação de dor nos dentes, que Jung já havia diagnosticado nas mulheres como sonhos referentes ao nascimento (ver *A interpretação dos sonhos*, 3. ed., 1911, p. 200, nota, bem como o sonho ali mencionado por mim a título de exemplo). De acordo com a concepção exposta aqui, a *tertium comparationis* se constitui pela queda fácil do dente que deve compensar a gravidade do trauma (dores). Todas as interpretações propostas até aqui podem ser submetidas a essa interpretação principal (nascimento, medo da morte, castração, masturbação etc.).

taria de citar aqui aquele que se refere ao trauma do nascimento. De acordo com minha experiência, esse sonho representa o desejo (ou a recusa) de ter uma criança própria, geralmente através da reprodução do próprio nascimento ou de sua situração intrauterina (na água). A mudança de direção que, na representação do nascimento, substitui a saída pela entrada (o mergulho na água), se explica justamente enquanto representação simultânea do trauma (queda) e da tendência ao retorno, que pretende compensá-lo. Essa necessidade de satisfazer o anseio de regressão cronológica e tópica[95] na imagem manifesta do sonho é de importância crucial para a compreensão dos sonhos. Ela explica não apenas a observação freudiana de que os chamados "sonhos biográficos" devem, via de regra, ser lidos de trás para frente (ou seja, com o desejo inerente de atingir o estado intrauterino como termo final), mas também permite fazer um uso mais amplo da técnica de inversão na interpretação dos sonhos, compreendendo com mais clareza o sentido secundário das assim chamadas tendências progressivas em sua relação com as regressivas. A divisão em duas camadas, que pode ser melhor observada nos sonhos de nascimento,[96] manifesta-se, na maioria das vezes, na aparição de duas gerações ou nas repetições de situações (por exemplo, o próprio ato do nascimento, como no mito do herói) e mostra claramente como a identificação com a mãe (a partir do complexo de Édipo) pode ser usada para representar, ao mesmo tempo, mãe e filho, e efetivamente, por meio da reprodução do próprio nascimento.

Esses sonhos são, portanto, a melhor prova da tendência originalmente narcísica do inconsciente e também de que esse inconsciente não pode representar nada além da situação que satisfaz da forma mais perfeita o narcisismo original ou que, mais exatamente, o incorpora.[97] Dessa forma,

---

95. Ver FREUD, S. *Complementos metapsicológicos à doutrina dos sonhos* (*op. cit.*).
96. Ver meu trabalho anterior: Die Symbolschichtung im Wecktraum [A camada simbólica no sonho de despertar]. *Jahrbuch*, IV, 1912.
97. O modo de representação no qual o sujeito faz uso de seu próprio corpo e de seus próprios materiais faz parte de uma fase bastante primitiva da evolução, como ela é reproduzida, por exemplo, na crise de histeria (a "linguagem gestual" de Ferenczi) e sobre a qual Freud já chamara a atenção, mostrando que o histérico reproduz nele mesmo a ação do parceiro amoroso desejado – por exemplo, o abraço (*Allgemeines über den hysterischen Anfall* [Generalidades sobre o ataque histérico], 1909; e *Hysterische Phantasien und ihre Beziehung zur Bisexualität* [Fantasias histéricas e sua relação com a bissexualidade], 1908). Vale citar ainda as interessantes observações de Köhler sobre os antropoides que expressam o que desejam fazendo movimentos com o próprio corpo. É assim que uma chimpanzé, para exprimir que deseja ser abraçada por seu parceiro, envolve o próprio corpo com seus braços (*Zur Psychologie der Schimpansen* [Sobre a psicologia dos chimpanzés], 1911).

também a interpretação de Jung, na fase dita "subjetiva", recebe uma base real, e as tendências supostamente prospectivas, inclusive as do sonho, revelam-se como projeções da situação intrauterina no futuro.[98] Para concluir, vale mencionar, devido ao seu interesse geral, uma forma típica de sonho angustiante que nos possibilita mostrar que todas as tendências prospectivas que o sonhador e o intérprete do sonho atribuem a este último representam o efeito do recalcamento primitivo do trauma do nascimento. São os chamados "sonhos de viagem", nos quais os detalhes característicos podem ser facilmente compreendidos a partir do ponto de vista do trauma do nascimento: não conseguir pegar um trem, não conseguir terminar de fazer as malas, perda de bagagens etc. Aquilo que, no sonho, causa um sentimento de embaraço, só pode ser compreendido se entendermos a viagem no sentido da separação da mãe e a bagagem (mala) como uma substituição simbólica do útero, que também é substituído por todos os tipos de veículos (barco, carro, trem etc.). O simbolismo aparente da morte (Stekel)[99] é, nesses sonhos, tão pré-consciente quanto as pretensas tendências prospectivas (viagem através da vida). O inconsciente, já que ele não conhece nem pode representar nenhum outro desejo, só pode conceber a separação, a viagem, e mesmo a morte, no sentido da realização do desejo de retorno ao útero materno. A tendência à inversão, que é obrigada a conceber todo movimento progressivo no sonho como um retorno – ou seja, um movimento regressivo – explica de um só golpe toda uma série de situações

---

98. Os chamados sonhos telepáticos podem facilmente ser levados, por meio da análise, a projeções da vida intrauterina no futuro, bem como, de um modo geral, todo o ocultismo moderno, que se funda na simbologia da reencarnação, com origens na Índia Antiga, pode ser facilmente compreendido a partir do trauma primitivo e sua elaboração projetiva (astrologia). Por exemplo, os ocultistas têm razão quanto ao fato de os sonhos comportarem lembranças de coisas que foram importantes na vida pré-natal daquele que sonha; se enganam, no entanto, ao projetar muito longe os limites dessa vida pré-natal.

Por outro lado, a ideia fundamental da telepatia corresponde a *déjà vu* antecipado, projetado no futuro e de algum modo já vivenciado, o que igualmente só pode ser referido à existência pré-natal. (Ver a esse respeito o interessante material publicado pelo Dr. Szilágyi sob o título "O jovem espírita", em: *Zschr.*, IX/3, 1923. Cito aqui após ter concluído o presente trabalho.)

99. *Die Sprache des Traumes* [A linguagem dos sonhos], 1911, na qual o autor reúne, em conexão com as pesquisas freudianas acerca do sonho, uma rica coleção dos chamados "símbolos de morte". Também no capítulo "*Mutterleibsträume*" encontramos uma série de boas observações que, no entanto, só ultrapassam a interpretação puramente prática dos símbolos por meio da hipótese de que talvez o vestígio de uma lembrança possa fornecer o substrato material para o trauma do nascimento.

oníricas até agora incompreensíveis[100] (mencionamos anteriormente a direção invertida do nascimento), e mostra, da mesma forma, que justamente as funções psíquicas aparentemente superiores (não apenas no sonho), tais como forma, orientação, e tudo o que se refere ao tempo,[101] relacionam-se aos desejos inconscientes mais profundos, não apenas às funções puramente somáticas (sensações, posição, atitude etc.). A interpretação "funcional", certamente supervalorizada por Silberer, de certos elementos do sonho, nos quais sempre suspeitamos de uma "resistência" à interpretação analítica, revela-se aqui como uma consequência imediata de uma tendência em fugir daquilo que foi efetivamente reprimido. De qualquer modo, essa tendência segue trajetos psíquicos facilitados, que provavelmente, também no caso do desenvolvimento psíquico do indivíduo, levam do recalcamento do trauma primitivo à evolução das funções ditas superiores.

A partir do simbolismo do sonho, vamos nos dirigir para a compreensão do simbolismo em geral e de sua aplicação em favor da adaptação cultural. Antes disso, porém, gostaríamos de destacar ainda que nossa concepção da importância primordial do trauma do nascimento encontra seu sustentáculo mais forte na interpretação analítica dos sonhos, cuja apresentação detalhada reservarei para uma situação de maior fôlego. Por ora,

---

100. Explica-se, assim, a repulsa de tantas pessoas em sentar-se no sentido oposto ao movimento de um veículo. É o mesmo mecanismo primitivo de repressão que proíbe certas personagens mitológicas de olhar para trás (petrificação), assim como o herói humilhado que se senta ao contrário sobre o cavalo (Cristo!) que ainda persiste no dito popular: "redear o cavalo pelo rabo". A situação prazerosa correspondente é notada nas brincadeiras infantis que envolvem viagens (cocheiro, ferrovia etc.): a ausência de progressão dessas brincadeiras – que é rísivel para o adulto – representa, precisamente, no sentido da situação intrauterina (carro, barco, Coupé etc.) o elemento em relação com a satisfação do desejo (ver a esse respeito a "viagem" infantil de Peer Gynt com sua mãe morta, à qual se segue sua volta ao mundo).

101. Nas mulheres que podemos analisar durante a gravidez – até quase o momento do parto – observamos que os períodos de tempo e, sobretudo, os números, remetem à gravidez e ao nascimento (meses, anos, crianças, irmãos etc.), sendo que especialmente os dias de nascimento têm uma função, uma vez que neles se baseia a maior parte das análises que procedem convidando o paciente a dizer os primeiros números que lhe vêm à cabeça. É por isso que a série de nove números (meses de gestação), que encontramos no inconsciente, em vez de ser relacionada ao nosso sistema de cálculo solar, corresponde as sistema numérico do "calendário natural"; da mesma forma que vemos, na mitologia, os números sagrados oscilarem entre 7, 9 e 10. Assim, por exemplo, existem no México 9 mundos subterrâneos, na Nova Zelândia, 10 ("a camada mais inferior, *meto* ou fedor de decomposição, é o local onde se conclui o processo de tranformação do cadáver em decomposição em um verme". Danzel, *Mexiko*, v. I, p. 21). Na China, as dez regiões do inferno encontram-se nas últimas profundezas da terra e se chamam "prisões da terra", e assim por diante.

basta destacar que as experiências analíticas mencionadas no início deste trabalho nos colocam em condições de estabelecer um fundamento real para a "fantasia intrauterina", descoberta oportunamente pela análise e que, desde Freud, foi demonstrada em diversos exemplos da literatura psicanalítica. As consequências dessas experiências parecem ser muito abrangentes, mas é fundamental que não permaneça nenhuma dúvida quanto à sua natureza. A existência de uma fantasia de retorno ao útero é tão controversa[102] quanto a tendência demonstrada por Silberer, através de belos exemplos, de sonhar como um retorno ao "estado de espermatozoide"; ou seja, de retornar a um ponto ainda mais distante, que é o corpo paterno.[103] No entanto, são fantasias que se asociam parcialmente a explicações lidas ou ouvidas sobre o processo sexual. A partir da análise de sonhos de cura, revela-se de forma inconteste que os sonhos contêm reminiscências ou reproduções diretas, totalmente insconscientes, da situação intrautrina do indivíduo ou de particularidades de seu nascimento, reminiscências essas que não podem derivar de nenhuma lembrança consciente nem ser produto da imaginação, pois não tinham como serem conhecidas por ninguém. É claro que o sonho também explora posteriormente aquilo que foi ouvido acerca do nascimento, mas o faz de uma maneira tão característica, que frequentemente nos vemos obrigados a dar razão à impressão (que geralmente é uma "impressão" no sentido literal da palavra) inconsciente do sonhador contra sua lembrança consciente. Que a permanência no corpo do pai seja suscetível de ser reproduzida é algo que eu não gostaria de afirmar; ao contrário, parece-me que, analisando esses sonhos "espermáticos" à luz dos pontos de vista expostos aqui, tratam-se novamente de sonhos de retorno à vida intrauterina, transformados por conhecimentos adquiridos posteriormente.[104] Com efeito, esses sonhos que remetem ao "corpo paterno" se revelam como sonhos "intrauterinos" camuflados, uma vez que a única maneira de entrar novamente no corpo materno é retornando ao estado de espermatozoide. Assim, esses sonhos não correspondem, de forma alguma, à uma fantasia de retorno ao "corpo paterno" que, antes, é usado apenas como instrumento de uma nova separação do pai, em vistas de uma união mais

---

102. A exposição clássica é oferecida por um livro publicado sob pseudônimo em 1795, *Meine Geschichte eh' ich gebohren wurde* [Minha história... ops! Eu nasci!]. Neudrucke literarhistorischer Seltenheiten. n. 2. Berlim: J. Ernst Frensdorff.
103. SILBERER. Spermatozoenträume und Zur Frage der Spermatozoenträume [Sonhos espermatozoicos e Questões relativas aos sonhos espermatozoicos]. *Jahrbuch*, IV, 1912.
104. Essa hipótese já foi levantada por Winterstein (*Imago*, v. II, p. 219, 1913).

duradoura com a mãe. Pois a situação fetal, ao menos na fase final da gestação, assim como a situação do nascimento, fazem parte da experiência direta do indivíduo e, sem dúvida, são passíveis de reprodução. O que afirmamos, portanto, é nada mais nada menos que a realidade da "fantasia intrauterina", tal como ela se manifesta na vida infantil, nos sintomas neuróticos e no estado de sono fisiológico (sonho).

Se procuramos tirar desse fato a próxima consequência, devemos então estar preparados para nos depararmos com diversas objeções que nos são colocadas pelo que chamamos realidade, isto é, o mundo exterior, onde a força do inconsciente, que imaginamos ser tão grande, deve encontrar seus limites naturais. É claro que não queremos ir tão longe a ponto de negar a realidade exterior, embora justamente os maiores pensadores da história do espírito humano, dentre os quais Schopenhauer com sua filosofia idealista, se aproximem consideravelmente de tal perspectiva. A ideia do "mundo como representação", ou seja, como minha representação individual, no meu *eu*, tem fundamentos psicológicos sólidos, cuja descoberta analítica não limita a realidade do mundo exterior e explica a força da "representação". Se operarmos uma divisão entre tudo aquilo que se opõe ao *eu* enquanto objeto do mundo exterior, ou seja, entre aquilo que faz parte da natureza, e aquilo que foi criado pelo homem, então surgirão dois grupos que podemos resumir como natureza e civilização. Ora, no que tange à civilização, começando pelas suas desobertas mais primitivas, como o fogo e as ferramentas, até as invenções técnicas mais elaboradas, é possível demonstrar que elas não somente são engendradas pelo homem, mas também segundo seu modelo[105], e que é a partir dessa perspectiva que a visão de mundo antropomórfica pode ser justificada. Chegaríamos muito longe se nos propuséssemos aqui a fundamentar em detalhes essa concepção que adquiriu suas provas mais sólidas a partir da história primitiva e dos povos civilizados, assim como através da análise. É essencial uma compreensão do mecanismo psicológico por meio do qual se efetua toda "invenção" – que, na verdade, é a descoberta de algo que já existia em estado latente – ou seja, tudo o que foi criado pela civilização se reflete nos mitos nos quais o homem recria o mundo conforme a maneira pela qual ele mesmo fora criado.

---

105. Ver a observação de Ferenczi acerca da *Psicogênese da mecânica* (*Imago*, v. V, 1919) e os trabalhos lá citados de Mach, E. Kapp e outros. Ver também: *Die Maschine in der Karikatur* [A máquina na caricatura], do engenheiro H. Wettich (com 260 ilustrações), Berlim, 1916; bem como *Die Technik im Lichte der Karikatur* [A técnica à luz da caricatura], do Dr. Anton Klima (com 139 ilustrações), Viena, 1913.

O estudo e a compreensão do simbolismo dos sonhos nos permite, portanto, seguir a atividade da criação cultural até sua origem mais profunda no inconsciente. Mas, da confusa abundância dos fatos culturais relevantes que a humanidade, ao longo de seu progresso milenar, sempre produz a partir da mesma e velha aspiração original, queremos citar aqui apenas um, já usado como exemplo de angústia infantil, mas que, ao mesmo tempo, ainda fazendo parte de nossa esfera cultural, nos permite também um retrospecto da história da evolução humana. Trata-se do quarto, do espaço que, para o inconsciente, representa o aparelho genital da mulher, bem como denuncia a palavra alemã *"Frauenzimmer"*[106] e, em última análise, o útero materno,[107] o único genital feminino que o inconsciente conhece, no qual o indivíduo, antes do trauma do nascimento, permaneceu protegido e aquecido. Segundo pesquisas sobre a história da civilização, não restam dúvidas de que o caixão e seus sucedâneos primitivos, como o sepultamento dos cadáveres na posição de cócoras (embrionária) dentro de cavidades abertas nas árvores ou na terra, numa reprodução da posição intrauterina, para a qual desejamos retornar após a morte, como as moradias primitivas dos vivos, que podem ter sido cavernas[108] ou árvores ocas, que foram escolhidas por causa da lembrança instintiva da cavidade uterina quente e protetora;[109] o mesmo ocorre com os ninhos dos pássaros, que são substitutos da casca protetora do ovo. O que ocorre depois, ao longo do progressivo recalcamento primitivo que condiciona formações substitutivas à medida em que nos distanciamos do trauma primitivo, é algo que permanece manifesta e profundamente ligado àquela situação primitiva real, como revela a angústia da criança moderna dentro de um quarto escuro. Encontramos

---

106. *Frau* = mulher e *Zimmer* = quarto. Em vez de significar "quarto de mulheres/feminino", a palavra *Frauenzimmer* passou a significar apenas "mulher", num sentido bastante pejorativo. (N.T.)

107. Ver o paralelo grego dessa palavra em Bachofen: *Das Mutterrecht* [O matriarcado], p. 53.

108. No artigo "Primitive Man and Environment" (*International Journal of Psychoanalisis II*, 1921, p. 170 ss), Roheim apresenta um material americano que tem relação com a cavidade genital. Dentre as inúmeras fontes citadas, merece destaque o trabalho de W. Mathews (Myths of Gestation and Parturition. *Americ. Anthropol.*, v. IV, p. 737, 1902), que desvendou o simbolismo do nascimento em diversos mitos.

109. No estudo Der politische Mythus, Beiträge zur Mythologie der Kultur [O mito político: contribuições para uma mitologia da cultura], *Imago*, v. VI, 1920 (segunda versão, revista e ampliada, 1922), Emil Lorenz, valendo-se dos pontos de vista de Jung e das concepções biológicas de Ferenczi, insiste nesse significado simbólico e, para designar a "adaptação da realidade aos nossos desejos e necessidades sob a influência determinante das relações primordiais que, por meio da mãe-imago, se estabelecem entre a totalidade do eu e o mundo exterior", sugere o conceito de "integral psíquico" (p. 57 da segunda versão).

por toda parte reproduções que ultrapassam o simples "simbolismo" do sonho e até mesmo a própria arte. Seja a cabana de folhagens primitiva (ninho), ou o primeiro "altar", onde queimava o fogo sagrado (calor materno), ainda o modelo original do "templo" (como os templos-caverna indianos), que representavam o teto ou a casa que servia para proteger esse fogo; sejam os templos orientais de dimensões gigantescas, que correspondem às projeções celestes ou cósmicas dessas construções humanas (torre de Babel) que, no templo grego, com suas colunas que substituíam o tronco de árvore primitivo, representando as pernas humanas, e com seus capitéis (cabeças) tão variados, atingem a idealização artística mais sublime dessa origem puramente humana, tal como ela aparece, num simbolismo *naïf*, no *Cântico dos Cânticos*. Sejam, ainda, as construções das igrejas góticas da Idade Média, com seu retorno às abóbadas sombrias, que ao mesmo tempo em que se lançavam em direção ao céu, eram opressoras; ou, finalmente, os arranha-céus americanos com suas fachadas lisas, com seus fossos de elevador do lado de dentro. Em todos esses exemplos, tratam-se de criações que permitem substituir, de maneira aproximada, a situação intrauterina.

Desse caso mais simples de adaptação "simbólica" à realidade, abrem-se as perspectivas mais amplas para a compreensão da evolução da civilização humana como um todo: o quarto da criança que, da bolsa do canguru e do ninho, passando pelas fraldas e pelo berço, amplia-se na morada[110] que

---

110. O sacrifício que, originalmente, consiste em encerrar uma criança nos fundamentos de uma casa em construção, destina-se a tornar evidente a identidade entre a construção e o substituto do útero materno.

Ernst Fuhrmann, destacou, em seus interessantes trabalhos, essa identidade de concepção entre o corpo humano e as construções profanas e sagradas, sendo a casa o refúgio para o qual o homem desliza durante a noite, o do qual ele espera pelo seu segundo nascimento (templo), além de chamar atenção para coincidências linguísticas significativas: "A casa corresponderia, assim, à pele, à agua na qual o sol mergulha, sendo que todas as palavras servem para designar o que se relaciona ao lugarejo etc., mostrando que uma noção de descida estava implicada aí. A palavra alemã *Haut* (pele) se transformou em *Hut* (chapéu), *Hütte* (cabana), *Haus* (casa) etc. [...] Da palavra de origem germânica *Wat*, *Wasser* (água) em alemão, surgiram *Bett* (em alemão, 'leito'), *Beth*, que significa 'casa' em hebraico e 'floresta' (*Ved*) em sueco, ou madeira (*Holz*) em alemão etc. Quando uma pessoa ia para a cama, mergulhava na água. Suas cobertas eram as ondas, ela se deitava entre ela, que eram feitas de uma matéria mole e fluída. Os umbrais da cama geralmente traziam esculturas que representavam os monstros do inferno, mas também deveriam haver os anjos, os espíritos que deviam trazer o corpo de volta à vida..." (*Der Sinn im Gegenstand* [O sentido no objeto]. Munique, 1923; *Der Grabbau* [A construção de túmulos]. Munique, 1923, principalmente p. 43 ss.)

imita instintivamente o corpo materno, na cidade protetora,[111] o burgo fortificado[112] e, a partir daí, relacionando-se a uma filiação mítica (projeção e introjeção) da natureza (terra, cosmos), em formações substitutivas ou em produtos de deslocamento de tipo conceitual, tais como pátria, nação e Estado que, segundo a reconstrução freudiana,[113] relacionam-se à história da horda primitiva e, na comunidade social mais tardia, à renúncia e à possessão coletivas da mãe.

Como Freud demonstrou, o pai primitivo foi morto pelos filhos que desejavam recuperar a posse da mãe; ou seja, retornar à mãe o que, na horda primitiva, era impedido pelo "homenzinho forte", o "pai", enquanto resistência externa e portador da "angústia" (da mãe). Porém, o motivo da rejeição é que todos eles – como demonstram as festas orgiásticas primitivas de celebração dos mortos – possuíam sexualmente as mães (promiscuidade), mas não podiam retornar para dentro delas. Eis a razão real e psíquica da "mentira heroica"; isto é, o fato de que, no mito e na lenda, é sempre um único filho, o mais jovem, aquele que não tem nenhum sucessor junto à mãe, aquele que pode cometer o ato primitivo de assassinar o pai.

Deriva desse motivo psicológico a formação de Estado masculina, decisiva para o desenvolvimento da humanidade, na medida em que, também do ponto de vista social, torna-se necessário que um indivíduo, ao se identificar com o pai e tomar seu lugar, rompa com a barreira que impede o acesso à mãe – como bem expressa o termo "matriarcado"[114]. A ascensão do poder patriarcal acontece, portanto, quando o medo da mãe, agora abrandado por causa da veneração a ela, é transferido ao novo usurpador do lugar do pai, ao chefe, ao líder, ao rei. A proteção contra a repetição do crime primitivo, isto é, contra o risco de ser novamente atingido, da qual ele goza, por causa dos "direitos" (contratos), ele deve ao fato de ter entrado no lugar da mãe, de sua identificação parcial com ela, o que lhe confere a maior parte dos direitos que voluntariamente lhe haviam sido reconhecidos. No chamado direito patriarcal; o "direito", isto é, a proteção (contratual) recíproca, a ordem social e o respeito aos outros, derivam da fase natural de ligação

---

111. A respeito da cidade como símbolo maternal, ver meu trabalho *Um Städte werben* [Conquistando cidades], 1911. As sete colinas de Roma correspondem às tetas da loba amamentadora.
112. A palavra alemã *Burg* remete a *Berg* [montanha] e ao verbo *verbergen* [esconder]. Originalmente, a palavra era "*Fluchtburg*" [burgo de refúgio]. (Lorenz, p. 87).
113. *Totem und tabu* [Totem e tabu], 1912. *Massenpsychologie und Ich-Analyse* [Psicologia das massas e análise do eu], 1921.
114. Bachofen. *Das Mutterrecht* [O matriarcado], 1861 (2. ed., 1897).

com a mãe, que consiste, por um lado, na proteção que esta oferece (com seu corpo) e, por outro, na angústia derivada do trauma do nascimento. A ambivalência específica em relação ao chefe se explica pelo fato de que, se ele é amado, protegido, resguardado – enfim, se ele é *tabu*,[115] uma vez que representa a mãe, ele também será, em contrapartida, odiado, torturado e assassinado, uma vez que representa o inimigo primitivo junto à mãe. Com as restrições (cerimonial) que, muitas vezes, parecem aniquilar completamente seus "direitos", ele retorna à prazerosa situação primitiva, ao lugar onde o próprio rei é obrigado a ir a pé e sem companhia.

Isso aparece de forma particularmente clara no "culto solar", cuja importância não se restringe, de forma alguma, à identificação consciente com o pai todo-poderoso, mas que possui sua fonte de prazer muito mais profunda e inconsciente na representação primitiva do nascimento, que concebe o nascer e o deitar-se do sol diários como símbolo da criança recém-nascida pela manhã e que, à noite, retorna para a mãe. Essa concepção é expressa de forma especialmente clara na vida dos soberanos peruanos, cujo cerimonial corresponde à identificação com o sol: "O inca jamais vai a pé, mas é sempre carregado numa liteira. Ele nunca se alimenta sozinho, mas é alimentado por suas mulheres. Ele veste um traje apenas durante um único dia, então se desfaz dele e, depois de seis meses, todos esses trajes são queimados. O inca só se alimenta uma única vez de um determinado recipiente, ele utiliza cada objeto apenas uma única vez. O inca é, portanto, a cada novo dia, um ser totalmente novo, o bebê das mulheres, que também tem de ser alimentado por elas".[116] Assim, o inca é, completamente um "ser de um dia", em constante *statu nascendi*, como Fuhrmann bem definiu. Mas cada soberano é submetido a um ceremonial de nascimento semelhante. O rei-sacerdote da Nova Guiné não pode se mover e é obrigado até a dormir sentado (supostamente para garantir o equilíbrio da atmosfera). No antigo Japão, o imperador era obrigado a ficar todas as manhãs, durante algumas horas, sentado no trono com a coroa sobre a cabeça (e que até hoje é a ideia que as crianças têm de "reinar": exercer a onipotência sobre a terra); mas rígido como uma estátua, sem mover as mãos, os pés, a cabeça ou os olhos; caso contrário, desgraças poderiam cair sobre o país (segundo Kämpfer: *History of Japan*[117]).

---

115. O tabu primitivo é representado pelo órgão genital materno que, desde o início, está imbuído de uma ambivalência (sacromaldito).

116. FUHRMANN. *Reich der Inka* [Império dos incas]. Hagen, 1922, p. 32 (*Kulturen der Erde I*).

117. Mas não é o rei ou o deus que está sentado "como uma estátua", mas sim é a "estátua" que eterniza esse estado bem-aventurado de tranquilidade e imobilidade (ver o capítulo seguinte, sobre a arte). A coroa, o mais precioso de todos os adereços de cabeça, remete, em última aná-

Primitivamente, portanto, o rei não é "pai", mas sim "filho", e um filho bem jovem, um *infans*, um menor de idade, "Sua Majestade a criança", que reina pela graça da mãe. Já demonstramos como deve ter se formado essa fase mais elementar de organização social, esse Estado que ainda usa fraldas. A grande valorização da mulher (de seus genitais) ocorrida anteriormente e que ainda era perceptível nos antigos cultos às deusas e que, posteriormente, deixou vestígios no "matriarcado", teve de desaparecer na organização social posterior, fundada no patriarcado, e que foi vinculada por Freud à horda primitiva. O pai severo, justo, porém não mais violento, teve de erguer uma nova "barreira contra o incesto", contra a tendência de retorno à mãe, o que fez com que ele assumisse novamente sua função biológica primitiva de promover a separação entre os filhos e a mãe. A angústia que a mãe desperta transforma-se em veneração[118] ao rei e às instâncias inibidoras que ele representa (direito, Estado). Os filhos (cidadãos, súditos) se posicionam diante dele com o conhecido e dúbio complexo de Édipo libidinal; já a sistemática desvalorização social da mulher, que se seguiu à alta valorização de que esta gozava primitivamente, surge como reação à dependência infantil que o filho tornado pai não consegue suportar a longo prazo.[119]

É por isso que todo conquistador poderoso e bem-sucedido anseia, em última análise, à possessão exclusiva da mãe[120] (identificação com o pai) e,

---

lise, à "coifa" (símbolo de sorte) do recém-nascido, assim como sonhar que perdemos nosso chapéu significa a iminência da perda de uma parte de nós mesmos. O cetro, cujo significado fálico é incontestável, tem sua origem na fase mais primitiva do matriarcado (mulher com pênis) e tem originalmente, para o soberano masculino, o sentido de torná-lo novamente homem através dessa substituição – como os sacerdotes mais antigos que eram castrados, se equivaliam à mãe (ver a reprodução em madeira que Isis faz para si do falo perdido de Osiris; cf. RANK, Otto. *Die Matrone von Ephesus* [A matrona de Éfesos], 1913).

118. É interessante notar que, em alemão, a palavra "veneração" (*Ehrfurcht*), contém "medo" (*Furcht*) em sua composição, o que sugere perfeitamente o misto de fascínio e intimidação que desperta o objeto "venerado". (N.T.)

119. Uma ilustração bastante instutiva dessa raiz biológica do "matriarcado" é oferecida por Leo Frobenius em seu livro *Das unbekannte Afrika* [A África desconhecida], Munique, 1923, p. 23. Ver também a esse respeito a interpretação de um desenho gravado num rochedo em Tiut, na Argélia, que mostra um caçador ligado por seu cordão umbilical à mãe, que estava em atitude de prece (p. 41 ss).

120. Ver JEKELS, L. Der Wendepunkt im Leben Napoleons I [O ponto de virada na vida de Napoleão]. *Imago*, v. III, 1914; e BOVEN, William. Alexander der Große, *Imago*, v. VIII, 1922. Vale observar a confissão do jovem Napoleão que escreve, em 6 de outubro de 1798: "Não há ser mais pusilânime do que eu, quando tenho em mente um plano militar. [...] Sou como uma jovem esperando pelo seu parto. Mas, se tomo uma decisão, então só me importo com o que pode contribuir para o meu êxito". (HELMOLT, Hans F. (org.). *Napoleon-Brevier* [Breviário de Napoleão]. Görlitz, 1923).

cada revolução que pretende abalar a dominação masculina, apresenta uma tendência de retorno à mãe. Mas essa revolta sangrenta contra a dominação do pai é provocada e possibilitada pela mulher, sobretudo no sentido da "mentira heroica" do mito. Como podemos observar no exemplo da Revolução Francesa, a fúria da multidão é dirigida menos ao rei do que à rainha – a quem, como é típico, eram atribuídas relações incestuosas com seu filho – e, em geral, contra a dominação das amantes e o poder das mulheres; o que é igualmente significativo é o papel determinante da mulher nos movimentos revolucionários.[121] Por meio de seu poder sexual (ver o exemplo da rainha sérvia Draga Maschin), a mulher se torna perigosa para a comunidade, cuja estrutura social se funda sobre o medo que agora foi transferido para o pai. Mata-se o rei não para se libertar do jugo, mas sim para assegurar uma proteção mais forte e mais segura contra a mãe:[122] *Le roi est mort, vive le roi*[123].

A mulher exerce, pois, uma ação antissocial,[124] o que fundamenta sua exclusão, tanto nas culturas primitivas (clubes de reuniões) quanto nas avançadas, de toda participação na vida social e política.[125] O homem a subestima apenas conscientemente mas, em seu inconsciente, ele a teme. Por isso, na Revolução Francesa, ela será dessexualizada e idealizada como a deusa da razão, tal como, na Grécia Antiga, a Atena nascida da cabeça de Zeus. A "liberdade"(*la liberté*) sempre teve um caráter feminino e, em última análise, sempre remete à libertação da prisão materna (a destruição da Bastilha).

---

121. Ver a esse respeito RANK, Beate. *Zur Rolle der Frau in der Entwicklung der menschlichen Gesellschaft*. [O papel da mulher no desenvolvimento da sociedade masculina]. Conferência. Wiener PsA. Vereinigung [Sociedade Psicanalítica de Viena], maio de 1923.

122. Bachofen (p. 31) deriva o *parricidium* do direito romano, que significa primitivamente o assassinato do pai ou do rei, de *pareo* = parir. "Na palavra *parricidium*, o ato de nascimento é particularmente acentuado... O *parricidium* é uma lesão sofrida pela mãe primitiva durante algum dos seus partos". (Ver também STORFER, A. J. *Zur Sonderstellung des Vatermordes. Eine rechtsgeschichtliche und völkerpsychologische Studie* [Sobre a posição singular do parricídio. Um estudo de História do Direito e de psicologia dos povos], 1911.)

123. Ver também FEDERN, Paul. *Die vaterlose Gesellschaft. Zur Psychologie der Revolution* [A sociedade órfã de pai. Sobre a psicologia da revolução], 1919, que chega à conclusão de que a humanidade não pode suportar por muito tempo uma sociedade sem o pai.

124. Quando ainda era tenente, Napoleão Bonaparte escreveu um diálogo sobre o amor, no qual podemos ler: "Considero o amor prejudicial à sociedade e à felicidade do indivíduo; acredito que ele cause mais mal do que bem e consideraria um benefício se a divindade quisesse livrar o mundo dele!".

125. Em seu valioso trabalho Die Pubertätsriten der Wilden [Os ritos de puberdade dos selvagens]. *Imago*, v. IV, 1915, 16, Th. Reik demonstrou que a maturidade masculina é representada simbolicamente pela repetição do nascimento e pelo rompimento com a mãe.

A configuração da dominação patriarcal na direção de sistemas políticos cada vez mais masculinizados é, portanto, um prolongamento do recalcamento primitivo[126] que se volta cada vez mais, precisamente por causa da dolorosa lembrança do trauma do nascimento, para uma eliminação da mulher, até mesmo às custas de fazer da origem tão incerta do pai (*semper incertus*) a base de todo o sistema jurídico (nome, sucessão etc.).[127] A mesma tendência em eliminar o mais completamente possível a participação da mulher no nascimento também aparece em todos os mitos em que o homem cria a primeira mulher como, por exemplo, na história da criação na Bíblia que, por assim dizer, colocou o ovo antes da galinha.

Uma série de invenções têm por objetivo o reforço constante do poder paterno, da mesma forma que certas criações da civilização já bastante conhecidas procuram ampliar continuamente a proteção contra a mãe. Pensamos principalmente na invenção de ferramentas e armas que imitam diretamente a forma do órgão sexual masculino que, muito tempo antes da civilização, em virtude da evolução biológica, era destinado a penetrar na frágil matéria feminina (mãe).[128] Como, para o inconsciente, essa penetração sempre ocorre num grau muito insatisfatório, as tentativas realizadas

---

126. Baseando-se em Bachofen, Winterstein já demonstrou que esse dado ajuda a compreender a formação de sistemas filosóficos (*Imago*, v. II, p. 194 e 208, 1913).

127. O juramento primitivo pelos testículos do pai (*testes*), sobre o qual ainda repousa nosso juramento atual (a posição dos dedos) é, da perspectiva do inconsciente, um falso juramento, pois este conhece apenas a origem da mãe, como provam os juramentos e as maldições populares que sempre fazem uma alusão brutal ao útero.

 O fato de que a palavra "direito" seja derivada do lado do corpo que, psicologicamente, se ressente menos do trauma do nascimento e é, por isso, mais robusta, demonstra de que maneira todos esses fatos biológicos determinam o processo de "humanização" do homem. O lado esquerdo que, na maioria dos casos, é mais exposto ao trauma do nascimento e que as tradições mitológicas consideram, de acordo com Bachofen, como o lado essencialmente "maternal" é destinado, desde o início, devido às particularidades anatômicas do homem, e mesmo na evolução ontogênica, a desempenhar um papel menor que o lado direito (no estado normal, a posição intrauterina do feto é à esquerda). É assim que o simbolismo moral da direita e da esquerda (= ruim, negativo) está ligado, como observou Stekel, ao trauma do nascimento, e à posição intrauterina. Ver ainda, a respeito das particularidades psíquicas dos canhotos (Fliess e outros), assim no que concerne à explicação das hemianestesias histéricas, Ferenczi, *Erklärungsversuch einiger hysterischer Stigmata* [Tentativa de explicar alguns estigmas histéricos]. In: *Hysterie und Pathoneurosen* [Histeria e patoneurose], 1919). Segundo a mística judaica a esquerda (feminina) é a que repele; a direita (masculina), a que atrai. O mesmo se observa na mística chinesa (Langer: *Die Erotik der Kabbala* [O erotismo da cabala]. Prag, 1923, p. 125).

128. GIESE, Firtz. Sexualvorbilder bei einfachen Erfindungen [Protótipos sexuais em invenções simples]. *Imago*, v. III, 1914.

nas substâncias substitutivas naturais (matéria) sempre são repetidas com meios cada vez mais aperfeiçoados, e mesmo contando com ferramentas forjadas com o intuito de complementar as naturais (como mãos, pés, dentição). Esse aperfeiçoamento recebe seu impulso decisivo da libido materna, isto é, da tendência, eternamente insatisfeita, em penetrar completamente na mãe, o que, por sua vez, se coaduna ao notável fato de que o próprio pênis, em razão da angústia primitiva, não experimentou nenhum "prolongamento" semelhante com as demais ferramentas apresentadas para outros membros do corpo.[129] Essa tendência parece concentrar-se justamente nesses últimos, da mesma forma que a *matéria* é substituída pela mãe. Com essa substituição (terra[130]) feita a contragosto e que representa a primeira adaptação à vida civilizada, parece ter ocorrido uma aversão decisiva, e por meios puramente físicos, em relação à mulher enquanto objeto primeiro de suas inclinações libidinosas. Parece que o direcionamento físico do homem, que se eleva do solo, e que recentemente foi relacionado à invenção e ao uso das primeiras ferramentas,[131] significa um primeiro passo decisivo na direção de um processo real de humanização; ou seja, ao tornar-se bípede, o homem efetua uma superação "cultural" do trauma do nascimento, afastando-se dos órgãos genitais femininos e generalizando-os no exterior que, em última análise, recobra um significado materno.

As armas, intimamente relacionadas à gênese das ferramentas, no início sequer se distinguiam daquelas e eram usadas tanto para o acabamento do material quanto para a caça – que pode ser considerada uma substituta direta da alimentação fornecida pela mãe, e tão mais direta quanto mais nos remetermos à fase de nutrição exclusivamente através da mãe. O sangue quente do animal abatido é bebido, num prolongamento direto da alimentação intrauterina, bem como o ato de engolir a carne crua – e que encontramos vestígios inequívocos nos mitos que abordam o consumo da carne crua, e nos quais o herói, encerrado no interior do animal, consome suas partes moles. A "incorporação" da carne animal, cujo significado

---

129. Por outro lado, para intensificar o prazer durante o ato sexual, como mostram os já mencionados eventos primitivos (ver nota 53, p. 54), e que, do ponto de vista psicológico, concebemos como "preservativo" do medo de ser completamente engolido.
130. Segundo pesquisas bioanalíticas (ainda inéditas) de Ferenczi, a terra parece ser a substituta da mãe primitiva de todos os seres vivos, a água marinha (mar como símbolo materno).
131. ALSBERG, Paul. *Das Menschheitsrätsel. Versuch einer prinzipiellen Lösung* [O enigma da humanidade. Ensaio de um princípio de solução], 1922. De maneira inversa, o autor vê o processo de humanização como resultado do uso das ferramentas e, em princípio, do lançamento de pedras com a mão.

materno já foi recentemente observado por Roheim[132] é considerada, mesmo na fase do sacrifício totêmico do pai, e no sentido da situação intrauterina, como dotada para transmitir àquele que "incorpora" essa carne, as forças do animal ou do homem que a consumiu; por exemplo, a pele de leão que envolve Hércules não lhe empresta somente a força viril (paterna) do animal, mas também garante a invulnerabilidade da criança protegida *in utero* (como no caso da gravura que representava o caçador africano "protegido" pelo cordão umbilical). Neste ponto, a propósito, convém lembrar que toda forma de proteção contra os perigos elementares ou ataques humanos (com armas), desde os buracos nas árvores, até os escudos móveis, as bigas, os submarinos e o tanque significam, em última análise, uma fuga para a cobertura protetora materna.[133] A pele ainda quente do animal, ao mesmo tempo em que serve ao homem de camada protetora contra o frio, também é o contraponto real das narrativas mitológicas em que o homem se rasteja para dentro do corpo do animal.[134] Uma parte da ambivalência do sacrifício animal do período posterior, e que se localiza na designação "sacrifício", explica-se, em grande parte, graças a esse significado materno-libidinoso, exprimindo o pesar pelo fato de a realização parcial da situação primitiva estar ligada à morte da mãe ("sadismo"), que mais tarde será substituída pelo sacrifício solene totêmico do pai primitivo, bem como no espírito da substituição, destacada anteriormente, do objeto de libido materno pelo ideal paterno do *eu*.

Um belo exemplo dessa transição é a festa da primavera mexicana (*Ochpaniztli* = retorno), na qual uma mulher que representa a deusa *Tlazolteotl* era morta por decapitação "Em seguida, a pele da vítima era retirada e cobria um sacerdote que, na próxima cerimônia, representaria a deusa. Da pele da coxa da vítima, era confeccionada uma máscara, com a qual o fi-

---

132. Nach dem Tode des Urvaters [Conferência]. Berlim, setembro de 1922. *Imago*, v. IX, 1, 1923.

133. É o que demonstra a tradição clássica, segundo a qual as mulheres persas teriam conseguido parar a fuga em pânico de seus maridos e filhos durante a invasão dos Medos ao exporem suas partes genitais: *rogantes num in uteros matrium vel uxorum velint refugere* (Plutarco: *De virt. mulierum*, 5).

134. O envolvimento do corpo na pele quente de animais recém-abatidos ainda hoje representa para alguns povos uma forma de cura, porque produz uma situação anterior ao nascimento. O líquido amniótico que circunda o embrião já era conhecido por Empédocles, sob o nome de "pele de ovelha" (ver SCHULTZ. *Dokumente der Gnosis* [Documentos do Gnosticismo], 1910, p. 22). Assim, o traje feito de pele de animais se revela, até os dias de hoje, como sendo, ao mesmo tempo, proteção corporal contra o frio (que experimentamos pela primeira vez com o nascimento) e satisfação libidinosa através de um retorno parcial ao calor do útero materno.

lho da deusa, o deus do milho *Cinteotl*, era revestido" (Danzel, *Mexiko* I, p. 43). Também nesses costumes singulares trata-se da representação de um nascimento (o do deus do milho), o que também era simbolizado pela posição das pernas da deusa, abertas (que parece estar em relação com o filho de que tem a cabeça coberta com a máscara feita com a pele da coxa da deusa). Aqui também se observa que a transição do sacrifício da mãe (deusa) ao do pai (sacerdote) ocorre por intermédio do filho que, no curso desse sacrifício, retorna à mãe. Pois os sacrifícios humanos primitivos, tal como o culto mexicano conservou da forma mais pura, não deixam a menor dúvida quanto ao fato de que sacrifício era considerado como retorno à mãe e que o ato mesmo do sacrifício deveriam reproduzir o processo do nascimento.[135] "A ideia do sacrifício de prisioneiros dominava a tal ponto a mentalidade dos mexicanos, que o nascimento de uma criança era comparado à captura de um prisioneiro. A mulher que paria um filho era o guerreiro que havia capturado um prisioneiro, e a mulher que morria ao dar à luz, era o guerreiro que caía em mãos do inimigo e era morto na pedra dos sacrifícios" (Danzel, *Mexiko* I, p. 29).[136] De modo análogo, durante a festa *Toxcatl*, um garoto, que durante um ano fora venerado como um deus, é sacrificado enquanto representante desse deus. Esse ano corresponde ao período de gestação do embrião mencionado anteriormente, e que dura 260 dias, durante os quais o garoto ficava constantemente cercado por oito pajens, que ganhavam a companhia de uma menina (a nona acompanhante) nos últimos 20 dias (Fuhrmann, *Mexiko* III, p. 15).

Acreditamos ter compreendido o "simbolismo" como o meio mais importante para a adaptação à realidade, no sentido de que todo "conforto" que a civilização e a técnica procuram aumentar continuamente, busca apenas criar formas substitutivas do objetivo primitivo e, com isso, aquilo que chamamos de evolução fica cada vez mais distante desse objetivo. Daí explica-se o caráter singular do símbolo e a reação não menos singular dos homens que, em determinados contextos, o reconhecem com facilidade enquanto que, em outros, o recusam decepcionados. O mundo real criado pelos homens revelou-se, ele mesmo, uma cadeia de formações simbólicas

---

135. Nos manuscritos mexicanos, o sacrificado é representado, na maioria das vezes, como pronto para se precipitar de um ponto alto, com os membros flexionados e próximos ao corpo, e a cabeça voltada para baixo (Danzel, *Mexiko* I).

136. Essa ideia é explicada do ponto de vista psicanalítico por Alice Bálint: Die mexikanische Kriegshieroglyphe *atltlachinolli* [O hieróglifo de guerra mexicano *atltlachinolli*]. *Imago*, v. IX, 4, 1923.

incessantemente renovadas, que não devem servir apenas para substituir a realidade primitiva perdida, que ele imita o mais fielmente possível, mas que, ao mesmo tempo, também deve lembrar o menos possível o trauma do nascimento. Isso explica, entre outros, também o problema de uma invenção tão moderna quanto o "Zeppelin" poder ser usado como símbolo inconsciente: é que ele reproduz um modelo inconsciente primitivo que se reconhece nele mesmo. A análise da mania de invenção, abordada num belo trabalho de Kielholz,[137] mostra que todas as invenções práticas pretendem, em última análise, diminuir os obstáculos exteriores que impedem a satisfação da libido mais completa e mais próxima possível do estado primitivo. Em alguns casos, notamos que os doentes que querem descobrir o *perpetuum mobile* ou encontrar a quadratura do círculo pretendem, na verdade, resolver o problema da possibilidade de uma estadia mais prolongada no corpo materno, a despeito das dificuldades impostas pela desproporção. Em alguns casos de invenções elétricas (aparelhos atravessados por correntes elétricas invisíveis), um trabalho mais aprofundado com o sistema delirante do doente pode esclarecer o significado dessas invenções como reação ao trauma do nascimento.[138]

Uma vez que reconhecemos a "formação de símbolos" como o fenômeno primitivo essencialmente humano, que permite que este, diferentemente do animal, se adapte ao mundo exterior sem que haja necessidade de modificar seu próprio corpo (autoplastia,[139] como no caso das girafas, que alongam seu pescoço "em direção ao teto"; ou seja, até onde está a comida), mas sim moldando o mundo exterior segundo um decalque fornecido pelo inconsciente (aloplastia), é preciso que consideremos ainda um meio de expressão essencialmente intelectual que, assim como a posição ereta do homem, também o diferencia fundamentalmente do animal: a linguagem e sua evolução. Podemos compreender o fato, revelado pela experiência analítica, de o simbolismo constituir um tipo de linguagem muda e

---

137. *Zur Genese und Dynamik des Erfindenwahs* [Sobre a gênese e a dinâmica da febre inventiva]. Conferência. Berlim, 1922.
138. Ver a hipótese de Tausk, de que as "correntes elétricas" dos esquizofrênicos talvez correspondam às sensações das primeiras funções nervosas e musculares dos recém-nascidos (*op. cit.*, p. 28, nota).
139. Segundo Ferenczi, Hysterische Materialisationsphänomene [Fenômenos histéricos de materialização]. In: *Hysterie und Pathoneurosen*, 1919, p. 24; o autor observa que "na histeria, vem à tona uma parte da base orgânica, sobre a qual se funda o simbolismo da vida psíquica" (p. 29).

universal,[140] indo além das fronteiras linguísticas e, por outro lado, encontrar semelhanças e ressonâncias linguísticas surpreendentes entre os povos que, aparentemente, jamais exerceram a menor influência uns sobre os outros se, em vez de considerarmos o simbolismo como um derivado da língua, invertermos a equação, e concebermos a língua como produto do "simbolismo primitivo". O fato de os sonhos dos animais que conhecem uma fase de evolução fetal reproduzirem a situação intrauterina nos leva a crer que apenas lhes faltam as representações da expressão verbal que é característica do homem. O modo pelo qual o homem conquistou essa faculdade vincula-se naturalmente à evolução filogênica de centros e funções superiores; no entanto, mesmo na evolução individual, o som puramente animal pode ser considerado como parte formadora da fase inicial da linguagem articulada. A primeira reação seguinte ao nascimento é o grito que, suprimindo de maneira violenta o incômodo respiratório, dissipa um pouco o medo (distensão).[141] A criança repete em seguida os mesmos gritos, sempre que experimenta a necessidade de estar junto à mãe, e a posição dos lábios que ela adquire ao sugar o seio é a atitude mais favorável à formação da sílaba universalmente humana *ma*.[142] Podemos estabelecer aqui em *statu nascendi* a formação do som a partir do símbolo,[143] pois o posicionamento dos lábios durante a sucção representa a primeira tentativa de substituição da mãe, com a ajuda de um dispositivo, por assim dizer, autoplástico; por sua vez, o fracasso dessa tentativa provoca, o primeiro grito doloroso de medo, que assinala a separação da mãe. Essa concepção se harmoniza perfeitamente com a teoria do apelo sexual que, na fase sexual, expressa o desejo de realizar novamente a união íntima com o objeto. É claro que, na formação das palavras e das línguas que, com o tempo, vão se tornando cada

---

140. Schelling já destacava, num trabalho de juventude, que "a linguagem mais antiga do universo não conhecia outras designações que não as dos sentidos". Ver também o trabalho de Hans Apfelbach: *Das Denkgefühl. Eine Untersuchung über den emotionellen Charakter der Denkprozesse* [O sentimento do pensamento. Uma análise do caráter emocional dos processos de pensamento]. Viena, 1922.

141. Segundo a teoria filogênica de Pfeifer, o grito que sai da descompressão dos pulmões conduz diretamente à formação da voz e do canto (Conferência. Berlim, set. 1922). Quanto à música, as análises demonstram que esta não se vincula diretamente ao trauma do nascimento, mas sim à situação intrauterina.

142. Ver a esse respeito Spielrein: Die Entstehung der kindlichen Worte *Papa* und *Mama* [A origem das palavras infantis "papai" e "mamãe"]. *Imago*, v. VIII, 1922.

143. Para a escola americana dos *behaviouristas*, as palavras começariam a se formar na laringe, de maneira plástica.

vez mais sexualizadas, seria possível identificar que uma parte significativa do simbolismo primitivo continua viva e atuante,[144] e que este também desempenha um importante papel na escritura e na forma mais primitiva do desenho (a escritura figurada), que podem ser consideradas as primeiras substitutas da palavra: o artista redescobre esses símbolos, os reproduz de uma maneira particular, fazendo deles objeto de gozo estético, enquanto na análise dos distúrbios de linguagem (gagueira, bloqueios), bem como nos neologismos e na decomposição da linguagem dos doentes psíquicos, os símbolos regridem para a fase primitiva, tornando-se novamente uma fonte de angústia e de sensações desagradáveis.[145]

Após termos demonstrado que a maior parte das criações humanas – desde o sonho-desejo noturno até as manifestações que exprimem a adaptação à realidade – representam tentativas de realização da situação primitiva; ou seja, de tornar reversível o trauma do nascimento e, ainda, que aquilo a que chamamos de progresso da civilização nada mais é do que uma série contínua de tentativas que visam estabelecer um compromisso entre a tendência impulsiva de retorno à mãe e as necessidades impostas pela distância desta, queremos agora – seguindo o curso da evolução – nos concentrar no apelo de retorno à natureza, que se liga de forma bastante clara à lembrança do trauma do nascimento. Se examinarmos mais de perto a relação do homem com a natureza, veremos que existe nela um tipo ainda mais evidente de assimilação antropomórfica, na qual o inconsciente percebe os fenômenos cósmicos da mesma forma pela qual ele tenta reproduzi-los na civilização. Na mitologia da natureza, encontramos os magníficos vestígios desse esforço de adaptação, que talvez seja o mais primitivo, tanto em sentido filogênico, quanto ontogênico. Pois o recém-nascido não poderia viver se não substituísse a mãe pela porção do mundo exterior que lhe é mais próxima e, por conseguinte, pelo mundo exterior em sua totalidade: primeiro, as mãos da parteira ou a água quente e, mais tarde, as fraldas, o berço, o quarto, e assim por diante. Encontramos o equivalente filogênico desses fatos nos mitos, nos quais, primeiro, a terra tangível, depois, o céu, justamente devido à sua inacessibilidade, surgem como refúgios maternos e protetores. Antes da terra, por analogia com a vida intrauterina, a água representa a fonte

---

144. Ver SPERBER, Hans. Über den Einfluβ sexueller Momente auf Entstehung und Entwicklung der Sprache [Sobre a influência dos momentos sexuais na origem e no desenvolvimento da linguagem]. *Imago*, v. I, 1912; e BERNY. Zur Hypothese des sexuellen Ursprungs der Sprache [Da hipótese da origem sexual da linguagem]. *Imago*, v. II, 1913.

145. Ver FREUD, S. *Das Unbewuβte* [O inconsciente], 1915 (*Kl. Schr.* IV, p. 329 ss).

primitiva materna; significado que também é atribuído ao sol, enquanto fonte de calor, e que se perpetua por todo o "simbolismo" do fogo. As montanhas, com suas grutas e cavernas e cobertas por florestas (cabelos), são consideradas nesses mitos uma enorme mãe primitiva, com um pronunciado caráter protetor. À medida em que conhecemos a insuficiência de todas formações substitutivas, passamos para criações em parte mais reais e possivelmente mais perfeitas e, tão logo essas criações também se mostrem insuficientes, recorremos a construções imaginárias compensatórias de um paraíso inocente ou da vida eterna nos céus, ou ainda a representação realista de um eldorado ou a representação idealizada de uma ilha da fantasia.

Por mais que se tratem de criações humanas e, portanto, da civilização tanto no sentido mais amplo quanto no mais estrito, temos de levar em conta que são adaptações à realidade e complementos da imaginação que começam por atos biológico-instintivos e chegam aos atos ditados pela consciência social e, ainda, que merecem ser observados sob a perspectiva da adequação da realidade ao inconsciente enquanto princípio essencial da evolução humana.[146] Uma vez que se trata da inclusão da natureza nesse "circuito simbólico" estabelecido pelo longo estágio fetal da humanidade, estamos diante do mecanismo da projeção mítica, o único meio pelo qual o homem consegue perceber a "natureza" tal como ela se apresenta, no sentido das formas primitivas inatas. Explicam-se assim os mitos relativos à criação do mundo e aos "progenitores", e que, ao longo do processo de adaptação cósmica, conservaram o esforço magnífico de fazer regredir o trauma primitivo e de negar a separação da mãe.[147] O primeiro reconhecimento consciente dessa separação permanece reservado à concepção gnosiológica da oposição entre o *eu* e o *não-eu*, estabelecida quando a especulação filosófica já tinha esgotado seus esforços para resolver o problema primitivo da "identidade" – que, em última análise, está vinculado à relação fisiológica entre a mãe e a criança.

---

146. A fase preliminar biológica desse processo adaptativo no reino animal é demonstrada por BRUN. Selektionstheorie und Lustprinzip [Teoria seletiva e princípio do prazer]. *Zschr.*, v. IX, 2, 1923. Referências a isso já podem ser encontradas em FERENCZI: *Hysterische Materialisationsphänomene* [Fenômenos histéricos de materialização]. 1919, *op. cit.*, p. 31.

147. Acontece o mesmo com as fantasias e mitos relativos ao fim do mundo (Schreber), que atingem uma nova união ainda mais íntima depois da "separação" mais radical (absorção no todo). O dilúvio, que inaugura uma nova Era, nada mais é que uma reação "universal" ao trauma do nascimento, assim como as lendas que tematizam o surgimento da terra ou dos mares. Parece residir aqui a chave para a compreensão das tradições da nova Era da história mundial, do que tratarei numa outra oportunidade.

VI

A COMPENSAÇÃO HEROICA

Se considerarmos, a partir do ponto de vista que acabamos de desenvolver, as pesquisas mitológicas tal como empreendidas pela psicanálise, notaremos que a importância do trauma do nascimento pode ser melhor compreendida neste ponto em que o material dialoga com meios de expressão mais universais que nas neuroses e psicoses. O "mito do nascimento do herói", que o olhar sagaz de Freud reconheceu como sendo o núcleo da criação mitológica, já poderia nos proporcionar total clareza sobre esse tema, caso tivéssemos tomado parte naquelas experiências analíticas que nos teriam encorajado a reconhecer que esses "contos infantis" possuem um teor de verdade e de realidade muito maior do que poderíamos imaginar e que esses fenômenos de projeção, segundo a indicação de Freud,[148] remetem-se por completo à psicologia. Em vez disso, temos a tendência a reagir com um recalcamento diante de qualquer aproximação com o trauma primitivo; mais tarde, somos levados a uma volatilização das interpretações anagógico--éticas dos mitos, segundo o método de Jung.

Sabemos que o mito do nascimento do herói começa com a situação da criança no útero materno protetor (caixinha), onde ela já é perseguida pelo pai, que não quer permitir que a criança – no sentido da realização do desejo primitivo – venha ao mundo. Todo o destino posterior do herói nada mais será que o desenvolvimento dessa situação; isto é, a reação a um trauma particularmente grave, que tem de ser superado através de atos supercompensatórios, dentre os quais a reconquista da mãe vem em primeiro lugar.

Pois todos esses atos conhecidos como heroicos, tanto nos mitos quanto na neurose ou nas demais criações do inconsciente, servem para que o herói reconquiste sua situação primitiva junto à mãe, o que naturalmente

---
148. *Sobre a psicologia da vida cotidiana* (último capítulo).

significa que o pai, enquanto principal objeto de resistência, deverá ser combatido. Uma vez que reconhecemos o neurótico como sendo aquele que não consegue superar sem prejuízo o medo primitivo derivado do trauma do nascimento, o herói representará o tipo destemido, que procura superar um trauma do nascimento particularmente grave à primeira vista, pela repetição compensatória de seus atos. É por isso que o herói, no desejo imaginário (infantil) concebido posteriormente, geralmente veio ao mundo através de uma incisão feita no ventre da mãe, tendo sido poupado, desde o início, da angústia decorrente do trauma. Por outro lado, o mito do nascimento do herói demonstra o quanto é difícil para ele no início ter de deixar a proteção do útero materno, para o qual, por detrás da máscara de todos os seus atos audaciosos de reformas e conquistas, ele sempre anseia voltar. Também o motivo da invulnerabilidade do herói pode ser explicado como um tipo de prolongamento do útero, que o herói traz consigo para o mundo[149] sob a forma de couraça, escudo ou elmo (carapuça mágica), mas que só o único ponto mortal, o "calcanhar de Aquiles", revela o quanto já fora fixado na mãe, por um elo puramente corporal.[150] Por isso no motivo da expulsão indolor da criança, que representa ao mesmo tempo o retorno à mãe (a seu útero) e o trauma do nascimento, tenta uma segunda e indolor separação da mãe pela reprodução imaginária da situação primitiva – enquanto que o motivo das duas mães, que Jung concebe como símbolo do segundo nascimento, implica numa distinção entre a mãe e a ama de leite (nutrição animal), aludindo diretamente ao segundo trauma – o do desmame. A todos esses mitos, bem como às neuroses, subjazem reminiscências muito reais de ambos os traumas, como bem ilustra o mito de Hércules, que narra expressamente a dificuldade do nascimento do herói. Recém-saído do útero materno, Hércules foi abrigado no seio de Hera, a mãe dos deuses. Mas o vigoroso menino, como conta a lenda, lhe causava tanto sofrimento

---

149. Também se enquadram nesse exemplo os heróis troianos ajudados pelas "nuvens" ou pela "névoa" enviadas por Atena. Por vezes, o herói já nascia completamente paramentado, como Uitzilopochtli, o herói ancestral dos astecas.

150. Contrariamente à cabeça "protegida" (coroa, tiara da sorte etc.) que sai primeiro de dentro da mãe, geralmente são os pés, que saem por último, a parte mais frágil do corpo. Como mostram o calcanhar de Aquiles e os pés inchados de Édipo, essas partes, por tocarem por último os órgãos genitais maternos, tornam-se mais tarde a representação "simbólica" do órgão genital do indivíduo (pé = pênis; medo de castração). Também teoria de Adler a respeito da inferioridade orgânica e de sua supercompensação (o nome Aquiles significa "com pés ágeis"), que o autor busca fundamentar do ponto vista hereditário e embriológico, parece ancorar-se individualmente na reação ao trauma do nascimento.

que, um dia, enfurecida, Hera o atirou ao solo.¹⁵¹ Não devemos esperar lembranças mais nítidas desses primeiros traumas, nem mesmo da análise, quanto mais sob a forma de reproduções neuróticas – mas que se manifestam como atos espetaculares na supercompensação heroica.

Os contos de fadas, aqueles em que os heróis aparecem como crianças – ou seja, como um ser que ainda sofre – revelam a reação típica ao trauma primitivo de forma ainda mais inocente do que as lendas heroicas desenvolvidas sob o signo da compensação mítica. Além do conto de Chapeuzinho Vermelho, que já foi objeto de nossa análise, e que inclui até mesmo a asfixia da criança que sai do ventre aberto do lobo, ou o fluxo sanguíneo em direção à cabeça (o chapeuzinho é vermelho!),¹⁵² valeria ainda mencionar aqui, enquanto a representação talvez mais inequívoca do trauma do nascimento, o conto de João e Maria, no qual o animal que engoliu as crianças se torna a malvada mãe primitiva (a bruxa), mostrando que a situação pós-natal de necessidade (fome)¹⁵³ sempre é substituída por novas representações do útero materno, onde éramos nutridos sem o menor esforço: na terra de sonhos que é a casinha comestível, na gaiola, onde o menino é alimentado para ficar gordinho, e de onde ele só sairá para retornar ao interior de um forno quente.¹⁵⁴

---

151. Ver: *Der Mythus von der Geburt des Helden* [*O mito do nascimento do herói*], 1909; 2. ed., 1922, p. 58-9, onde apresentamos lendas semelhantes. Também Aquiles, que mais tarde virá a ser o herói dos eólios emigrados, carrega em seu nome uma alusão ao trauma do desmame: ele se chama "o homem sem lábios" (α-χελιος), pois sua mãe queimara seu lábio ao atirá-lo no fogo, numa tentativa de torná-lo imortal.

152. E também suas variantes, como o conto do "Lobo e os sete cabritinhos". Ver meu trabalho *Contribuições psicanalíticas para a pesquisa dos mitos*, op. cit., 2. ed., p. 67.

153. Não abordarei aqui a questão de saber em que medida a miséria pré-histórica da época glacial, que vem representada no mito do dilúvio, pode ser explicada a partir de fatos pertencentes a fases primitivas da história do indivíduo. Se, com efeito, o inconsciente reconhece as mudanças bruscas de temperatura, as oposições entre calor e frio, como reproduções típicas do trauma do nascimento, e isso tanto no sonho quanto em certos distúrbios neuróticos (vasomotores), tais como arrepios, rubor etc. de qualquer forma, parece que essa experiência individual deve influenciar de algum modo nossa representação da época "glacial", que ainda carece de uma explicação científica. É provável que tenha se tratado não apenas de um período de resfriamento, mas sim de vários que foram evoluindo lentamente e que, por isso, tenham passado despercebidos da sensação individual. De resto, as duas concepções podem muito bem estar relacionadas através da teoria das catástrofes bioanalíticas de Ferenczi no âmbito da filogenética. Fuhrmann observa com muita razão que os contos eram originalmente contos de inverno; isto é, eram contados apenas durante o inverno para servir de alento aos longos e escuros meses dessa estação (*Das Tier in der Religion* [*O animal na religião*]. Munique, 1912. p. 53). Nessa mesma obra, ver sua interpretação para a lenda dinamarquesa do Rei Lindwurm no sentido do trauma do nascimento.

154. Fuhrmann observou recentemente o conhecido simbolismo do nascimento contido no pão e no assar (*O sentido no objeto*, p. 6).

Há um segundo tipo de conto, que não mostra mais a criança em suas reações imediatas ao trauma do nascimento, mas sim o adolescente em sua vida amorosa. Essas narrativas tão populares sobre um príncipe encantado,[155] que consegue salvar a donzela que lhe era destinada desde o princípio, depois de enfrentar todos os seus irmãos e outros rivais, podem ser interpretadas no sentido de nossas concepções sobre o trauma sexual; ou seja, como a reação da libido primitiva à luxúria genital.

Enquanto no mito do nascimento o herói é salvo pela mãe e protegido do pai no interior do útero[156] para, mais tarde, como um revolucionário social e moral, confrontar o progresso da civilização com a velha geração paterna[157], o romance de família nos mostra o príncipe encantado salvando a mãe (ou a filha) da violência do malvado tirano. Mas os contos mais típicos nos mostram como ele conseguiu esse feito, e o que significa a destemida superação de todas essas terríveis aventuras. Os detalhes típicos da situação de resgate mostram com toda clareza que a salvação da mulher do sono mortal representa a "mentira heroica" por meio da qual o príncipe revaloriza seu próprio nascimento. A dificuldade e a periculosidade próprias da saída do útero materno são substituídas pelas dificuldades de penetração (espinhos, fogueiras, montanhas de gelo escorregadias, rochedos cheios de armadilhas etc., que dificultam o acesso à bem amada), enquanto que a ruptura definitiva da camada protetora é representada pelo que envolve a moça: o caixão a ser aberto, a couraça ou a camisa a serem rasgadas. O fato de todas essas ações representarem símbolos inequívocos de defloração confirma nossa perspectiva de que o coito em si seria uma variante voluptuosa da penetração na mãe; já o ideal fisiológico da virgindade, por sua vez, não apenas negaria o ideal materno, mas também seria seu substituto direto.[158] O fato fundamental para

---

155. O "romance de família" que está na base do mito do herói e que transparece de forma muito *naïf* no conto de fadas, ao lado da tendência consciente à glorificação do herói e da tendência inconsciente em refutar o pai, apresenta ainda o último sentido da tentativa de retorno ao próprio nascimento.

156. Os mitos típicos desse tipo são aqueles em que pessoas são devoradas. Princípios para sua análise em meu tratado Die Don Juan-Gestalt [A figura de Don Juan]. *Imago*, v. VIII, 1922.

157. Enquanto "fundador de cidades", ele procura restabelecer a situação primitiva da proteção materna. Também na psicogênese do reformador espiritual, do herói intelectual, cujo exemplo mais representativo talvez tenha sido dado por Nietzsche, encontramos a mesma tendência ao rompimento na "libertação" das convenções e costumes.

158. A penetração se torna mais prazerosa quanto mais ela lembra as dificuldades da saída do útero. Por outro lado, a virgindade apazigua o medo primitivo, uma vez que ninguém ainda conseguiu penetrar no local pelo qual nenhum homem passou (Hebbel, *Maria Magdalena*). Ver também o tratado de Freud, "Das Tabu der Virginität", 1918 (*Kleine Schriften* IV).

a compreensão dos contos, de que geralmente um significado relacionado ao nascimento se esconda atrás do significado genital do símbolo,[159] alude mais uma vez à qualidade ambivalente, agradável e desagradável, do ato do nascimento, e mostra que a angústia provocada pelo trauma do nascimento pode ser vencida pelo amor "redentor". Como consequência, a salvação da bela adormecida pelo herói destemido tem como fundamento a negação do medo do nascimento. Isso se manifesta com muita nitidez naquelas variantes em que o herói, depois de matar o dragão e libertar a donzela,[160] cai ele mesmo num estado de sono semelhante à morte, e durante o qual ele é decapitado para, em seguida, conseguir recuperar a cabeça[161] (situação do nascimento). O sono da morte, tal como os estados de hipnose, rigidez (petrificação) e também no sonho e nos demais estados neuróticos e psicológicos, reproduz um detalhe típico da situação intrauterina.[162]

Agora torna-se claro porque aquele que surgirá como herói terá de ser justamente o mais jovem dos irmãos. Sua ligação à mãe não se explica apenas pelos motivos psicológicos da ternura e dos cuidados especiais dedicados a ele (filhinho da mamãe), mas também por razões puramente biológicas. Ele permanece, por assim dizer, ligado a ela também fisicamente pois, depois dele, ninguém mais ocupou aquele lugar no corpo da mãe (motivo da virgindade); portanto, ele é o único para quem realmente seria possível o retorno ao útero materno e a permanência lá, o único para quem isso vale a pena. Seus irmãos mais velhos tentam em vão disputar com ele esse lugar que ele guarda, apesar da "tolice" que o caracteriza.[163] Sua superioridade

---

159. Como exemplo desse simbolismo que gostaríamos de definir como "filogenético", citamos o conto do rei sapo, onde o sapo simboliza o pênis, mas também o feto.

160. Segundo a cosmologia babilônica, o mundo foi formado a partir do corpo, dividido ao meio, do monstro Tiamat.

161. Por exemplo, no conto "Os dois irmãos". Ver minhas *Contribuições psicanalíticas para a pesquisa dos mitos*. 2. ed., cap. VI, p. 199 ss.

162. Também faz parte dessa ordem de ideias um tema também tratado de forma anedótica ou novelística: o da fecundação (coito) durante o sono. (Ver KLEIST, H. von. *Die Marquise von O... Die Dichtung und ihre Quellen* [A Marquesa d'O... A literatura e suas fontes]. Com uma introdução de Alfred Klaar.)

163. Essa loucura, que sempre se manifesta como inexperiência sexual (é assim que Parzifal dorme algumas noites ao lado de sua amada sem tocar nela), parece corresponder, como mostram os relatos africanos que Frobenius recolhera junto aos hamitas da região do Nilo, à situação relacionada à satisfação primitiva da libido. Ali, o filho do rei costumava dormir meses a fio junto de uma princesa; todas as noites, eles "entrelaçavam suas pernas e grudavam seus lábios". Após alguns meses, foram descobertos. Por pouco, o príncipe não foi sacrificado. Como sua linhagem veio à tona, o casamento foi celebrado, bem como as núpcias. Na noite de núpcias, ele encontrou "uma concha não perfurada, e o sangue molhou o lençol" (*A África desconhecida*, p. 77).

consiste, na verdade, no fato de que ele veio por último e, por assim dizer, expulsa os mais velhos, no que ele se assemelha ao pai, com quem ele é o único que pode se identificar, justamente por esse motivo.

O mito da redenção também está presente na lenda bíblica do paraíso: numa inversão direta da realidade, a mulher sai do homem, nasce "heroicamente" dele que, como nos contos, é o primeiro a cair no sono da morte.[164] A consequente expulsão do paraíso, que para todos nós se tornou o símbolo da inacessibilidade ao estado primitivo de beatitude, representa a repetição do doloroso processo do nascimento, da separação da mãe – através do pai –, ao qual o homem e a mulher estão sujeitos da mesma forma. A maldição que se segue ao pecado original: "darás teus filhos à luz com dor", revela por completo o motivo, subjacente a todas as formações mitológicas, de fazer retroceder a lembrança do trauma primitivo, que se repete de forma inexoravelmente ativa na parábola do fruto proibido. Do ponto de vista do trauma do nascimento, a proibição de colher o fruto da árvore do paraíso se revela como o equivalente do desejo de não separar o fruto maduro do tronco materno, tal como, no mito do nascimento do herói, tem origem a hostilidade em relação ao pai, que quer impedir que aquele venha ao mundo. Também a violação da sentença de morte demonstra claramente que o crime da mulher consiste na separação do fruto; isto é, na procriação; e aqui ainda a morte, no sentido de uma tendência ao retorno, revela-se novamente como uma reação desejada ao trauma do nascimento.

Como aludi brevemente em minha obra *O mito do nascimento do herói*, e mais detidamente em *A lenda de Lohengrin*, essas considerações são válidas para todas as tradições mitológicas relacionadas à morte do herói, o que se evidencia no tipo de sua morte e nos ritos e costumes fúnebres de todos os povos e épocas – de um modo que talvez nos surpreenda à primeira vista, mas que na verdade é bastante familiar ao nosso inconsciente.[165] Sem levar em conta o conteúdo manifesto desses ritos, Jung viu neles a expressão da ideia da ressurreição e da encarnação – equivocadamente,

---

164. O insuflar é novamente uma alusão à dificuldade respiratória do recém-nascido. A concepção grega e cristã de *pneuma* tem aqui sua origem.

165. Nas regiões polares, o cadáver é colocado em posição de cócoras dentro de um recipiente coberto com pele; da mesma forma, no antigo Egito, ainda antes do período de embalsamento, o cadáver, em posição acocorada, era evolto num tecido (Fuhrmann). Na Nova Guiné, os túmulos se localizam abaixo das moradias das mulheres. Em civilizações mais avançadas, a mulher segue o marido morto em sua sepultura; ou, quando ele era solteiro, uma viúva ou uma jovem eram sacrificadas, o que mais tarde veio a ser substituído pelas chamadas "concubinas de morte" – figuras femininas nuas em argila (*Handwerk der sexualen Wissenschaft*).

pois a maldição se relaciona necessariamente a todas as encarnações sucessivas (migração de almas). Na verdade, a concepção inconsciente da morte é a de um retorno durável, definitivo ao seio materno. "Todo nascimento mergulha novamente no seio materno, de onde, por culpa do homem, ele apareceu num determinado momento à luz do dia. Os antigos veem na volta do morto por sua mãe a expressão suprema do amor materno, pois a mãe permaneceria fiel àquele a quem ela pôs no mundo, e no momento mesmo em que todo o mundo o abandonara" (Bachofen[166]). Bachofen demonstrou com precisão esse fato no exemplo de Nêmesis, aquela que traz consigo a morte e que nasceu de um ovo (de pássaro),[167] assim como numa série de outras deusas antigas da morte e do mundo subterrâneo. "Observamos porque essa visão demanda uma asna e uma Typho feminina (mito de Ocnos) e nos revela as relações internas muito estreitas entre a asna e as mães da morte (as harpias), representadas na forma ovular no monumento lício, e daquelas com o funeral das filhas dos reis egípcios, cujos cadáveres eram colocados no interior do corpo de uma vaca especialmente fabricada para isso (Heródoto, 2, p. 131) ou ainda com a Minerva gorgônica, de uma natureza mortalmente estéril, ou com a representação das grandes mães (deusas) do mundo subterrâneo e com o fato de os mortos se tornarem filhos de Deméter. A mulher aparece por toda parte como a portadora da lei da morte e, nessa identificação com um poder ao mesmo tempo pleno de amor e ameaçador, repleto do mais sublime afeto, mas também da mais alta seriedade, como no exemplo das Harpias, com seus traços maternais, e na esfinge fenício-egípcia, que traz consigo toda a lei da vida material" (*Oknos*, p. 83). Segundo Bachofen, isso também explica a exclusão dos homens dos ritos fúnebres na Antiguidade (ver as "carpideiras" junto ao cadáver de Heitor e as mulheres enlutadas aos pés da cruz), bem como as cerimônias fúnebres "femininas" com alguns costumes incompreensíveis que ainda persistem nas crenças populares alemãs. Como as pranchas mortuárias do Sul da Alemanha, que têm como única finalidade proporcionar ao

---

166. *Oknos, der Seilflechter. Erlösungsgedanken antiker Gräbersymbolik* [Ocnos, o tecedor de cordas. Pensamentos redentores do antigo simbolismo uterino]. Munique, 1923. p. 81). O tema de Ocnos se enquadra na série de trabalhos do mundo subterrâneo que, como veremos no capítulo a seguir, é compreendida como a transformação de uma situação primitiva prazerosa numa situação de penitência e dor: o príncipe Ocnos tece ininterruptamente a corda, cuja outra ponta é engolida pela asna (fixação do cordão umbilical!).

167. "No monumento lício às harpias, o próprio ovo forma o corpo do pássaro. Ovo e fêmea, formam, portanto, uma coisa só. As relações que o mito estabelece entre filha (Leda) e mãe, a arte figurativa exprime de forma absolutamente penetrante" (*Mutterrecht*, p. 70 ss).

cadáver o contato com a madeira materna, bem como o costume de carregar o cadáver para fora da casa com os pés voltados para a frente – ou seja, numa posição oposta à do nascimento – e de despejar água atrás dele (líquido amniótico).[168]

Bachofen demonstrou numa bela análise do mito das Danaides (*Oknos*, p. 89 ss), como o símbolo materno, de natureza mítica e singela, sofreu uma transformação religiosa característica, tornando-se imagem da penitência eterna. Se, na narrativa bíblica, a pena de morte se constitui pela expulsão do paraíso, ela aparece em última análise, como a realização definitiva do desejo do inconsciente, o que se coaduna perfeitamente com a concepção infantil da morte como a de um retorno ao lugar de onde saímos. Nos mitos acerca do paraíso e da idade de ouro, estamos diante da representação concupiscente desse estado primitivo, enquanto que os grandes sistemas religiosos, dualistas no sentido da ambivalência caracteríistca das neuroses obsessivas, representam tanto os modos de reação contra o medo de uma imersão numa nostalgia de retorno à vida intrauterina quanto as tentativas de sublimá-lo.

---

168. *In*: Lorenz., *op. cit.*, p. 77. Ver também a invocação à morte e à terra em Rigveda (X, 18, 49, 50): "Rasteje agora pela Mãe Terra, vasta, espaçosa, salutar. Para aquele que lhe oferta sacrifícios, a terra é macia como algodão. Que ela te proteja em tua longa viagem". "Levante-se, terra vasta, não se o pressione muito, seja-lhe acessível e acolhedora. Cubra-o, como a mãe cobre o filho com sua aba, ó Terra".

VII

A SUBLIMAÇÃO RELIGIOSA

A tendência última de toda formação religiosa reside na criação de um ser supremo obsequioso e protetor, junto a quem podemos nos refugiar de todos os perigos e misérias e para quem finalmente retornamos, numa vida futura e transcendental, que também é a imagem fiel e fortemente sublimada do paraíso outrora perdido. Essa tendência é desenvolvida de maneira mais consequente na mitologia cristã, que vem a ser a síntese de toda a visão de mundo da Antiguidade, cujo céu densamente populoso representa uma reumanização da mitologia celeste do Antigo Oriente. A esse céu vem se juntar, num momento posterior e num impulso de recalcamento, a astrologia medieval e seus horóscopos de nascimento, para então finalmente desembocarem na astronomia científica, que ainda conta com uma infinidade de elementos inconscientes e imaginários.[169]

Somente a análise psicológica poderia nos instruir a respeito de como se desenvolveu a concepção de mundo da Alta Antiguidade que culminou na visão de mundo babilônica. Pois, por mais que remontemos à tradição também no que diz respeito às obras de arte, sempre nos veremos diante de uma imagem de mundo acabada, aparentemente astral, sobre cuja gênese a civilização babilônica não oferece informação alguma. Não me parece muito bem-sucedida a tentativa mais recente de Hermann Schneider[170] de demonstrar a existência de "uma religião solar neolítica na Babilônia e no antigo Egito", uma vez que o erudito autor parece predisposto a encontrar aquilo que procura e, para tanto, lida com seu material sem a rigidez

---

169. A astrologia poderia ser considerada a primeira doutrina do trauma do nascimento: toda a natureza e o destino do homem são determinados pelo que acontece (no céu) no momento em que ele nasce.

170. Leipzig, 1923 (*Mitteilungen der Vorderasiatisch-Ägyptischen Gesellschaft*, 1922, 3. 27. Jahrgang).

necessária. De qualquer forma, o material que conseguiu reunir apresenta insígnias pré-babilônicas, remontando a 4.000 anos a.c.; isto é, a uma época em que "todo simbolismo da religião solar neolítica, que conhecemos a partir de desenhos gravados em rochedos nórdicos, já se apresentam como produto acabado" (*op. cit.*, p. 11). Só quando nos dedicarmos não apenas à determinação histórica, mas também à sua gênese psíquica, estaremos em condições de compreender o problema da evolução da religião solar da idade neolítica em seu conjunto.

A imagem astral do mundo, que parece nos confrontar aqui em seu estado acabado, constitui – como poderei fundamentar mais detidamente em outra oportunidade – o produto tardio de um longo processo evolutivo psíquico de projeção, que ainda retomaremos na sequência das presentes considerações. Por ora, basta destacar que, segundo o próprio Schneider, toda essa evolução "tem o fogo como ponto de partida", e que também "se encontra no céu, sob a forma do Sol", assim como "no corpo quente do homem e do animal" (*op. cit.*, p. 4). Temos aqui ao alcance das mãos a origem materna do culto ao sol, mas o "culto às estrelas" de certos povos primitivos, como os índios Cora, também ilustram de que modo essas representações "religiosas" se enraízam profundamente na relação da criança com a mãe. O céu estrelado é identificado ali com o mundo subterrâneo, pois em ambos os lugares predomina a noite. Ele é, portanto, o lugar da morte. Nesse contexto, as estrelas são consideradas como representantes dos ancestrais mortos que, ao mesmo tempo em que descem ao mundo subterrâneo, também podem surgir no céu noturno. Porém, como toda vegetação cresce a partir do mundo subterrâneo, então o céu noturno, enquanto imagem e reflexo desse mundo, será também o lugar da fertilidade.[171] Nos mitos do antigo México, as estrelas são caracterizadas como os sacrifícios que servem para alimentar o sol poente que, sem esse alimento, não poderia se renovar. Os sacrifícios terrestres, de acordo com Preuβ, são em grande parte imitações desses sacrifícios das divindades astrais (*op. cit.*, XXXV).

Mas o outro grande ramo da evolução religiosa do Antigo Oriente, que se afasta dessa antiga projeção no macrocosmo, nos conduz na direção oposta: a doutrina de absorção mística da Índia antiga, que se dirige para o interior do microcosmo humano, atingindo o ponto mais profundo, em que o trauma do nascimento é superado na doutrina da metempsicose.

---

171. PREUβ. *NaYarit-Expedition*, p. XXVII e XXX (*apud* Storch, *op. cit.*).

VII – A SUBLIMAÇÃO RELIGIOSA | 113

F. Alexander publicou recentemente um excelente estudo[172] em que mostra, baseando-se em Heiler,[173] o caráter pronunciadamente "terapêutico" dessa filosofia e dessa moral de contornos religiosos que é a prática da ioga, e sua semelhança com o procedimento analítico.[174] O objetivo de todos esses exercícios é o Nirvana, o voluptuoso "nada", a situação intrauterina, ansiada até mesmo por Schopenhauer e sua vontade parcialmente metafísica. O caminho até esse estado é semelhante ao que se percorre na análise: o de colocar-se num estado de meditação crepuscular que se aproxima do fetal e que, segundo Alexander, pode de fato ter como resultado uma evocação da situação intrauterina.

Graças às recentes pesquisas de Hauer,[175] temos hoje acesso às descrições de estados extáticos da antiga Índia que nos permitem compreender plenamente o sentido de toda essa instituição. O "Brahmacarin", isto é, o aprendiz brahmane que anseia ser imbuído da secreta força mágica que, para os hindus, significa o ponto mais profundo do ser, deve, durante sua iniciação (*Upanayana*), atingir durante três dias um estado de sono hipnótico. Costuma-se dizer que ele repousa durante três dias no útero de seu mestre: "O mestre que inicia o aprendiz faz deste um embrião que está em seu interior. Por três noites, ele o carrega dentro de seu útero. Ele então dá à luz aquele a quem os deuses vêm contemplar" (*Atharvaveda* XI, 5; apud Hauer, p. 86). É provável que o noviço, por analogia com o que Oldenburg afirmou sobre a chamada *Diksa* (iniciação ao sacrifício), permanecesse sentado numa cabana por três dias, com os punhos cerrados e as pernas viradas para cima (posição fetal), envolvido por todo tipo de cobertas (âmnio) (Hauer, p. 98). "Os sacerdotes o transformam novamente em embrião, realizando nele a 'Diksa' [...] a cabana 'Diksita' representa para o 'Diksita' o

---

172. Der biologische Sinn psychischer Vorgänge. Eine psychoanalytische Studie über Buddhas Versenkungslehre [O significado biológico de processos psíquicos. Um estudo psicanalítico sobre a doutrina de imersão budista]. *Imago*, v. IX, 1, 1923 (Conferência proferida no Congresso de Berlim em setembro de 1922).
173. *Die buddhistische Versenkung* [A imersão budista]. Munique, 1922.
174. Tentativas recentes, como a de Oscar A. H. Schmitz, de relacionar psicanálise e ioga, dão testemunho de uma compreensão psicológica deficiente de ambos os fenômenos que, de certa forma, poderiam substituir um ao outro. A tendência à modernização de formas antigas de superação do trauma do nascimento apenas revela a indestrutibilidade do impulso de regressão. Em determinado ponto de seu estudo, Schmitz se aproxima das fontes dessa necessidade, valendo-se de ideias psicanalíticas. (*Psychoanalyse und Yoga*. Darmstadt, 1923, p. 89).
175. *Die Anfänge der Yogapraxis. Eine Untersuchung über die Wurzeln der indischen Mystik* [Os primórdios da pática da ioga. Um pesquisa sobre as raízes da mística hindu], 1922.

útero materno: assim eles deixam que o aprendiz entre em seu útero... eles o envolvem com um tecido. O tecido é para o 'Diksita' o âmnio; então, eles o envolvem com seu âmnio. Coloca-se por cima uma pele negra de antílope, do lado de fora do âmnio, que representa o *córion*: assim, os sacerdotes envolvem o aprendiz com o córion. Ele cerra os punhos. O embrião fica dentro do útero com os punhos cerrados; o menino nasce com os punhos cerrados... tirando a pele de antílope, ele desce até o *Avabhrthabad*: por isso os embriões nascem sem o córion. Ele desce coberto com seu tecido, é por isso que o menino nasce coberto com o âmnio".[176] No *Rigveda* é claramente descrita uma posição, *uttana,* que ainda hoje pode ser observada nos exercícios de iogae que, segundo Storch (*op. cit.*, p. 78) "lembra muito certas posições fetais, como não raro observamos como atitudes estereotipadas de doentes catatônicos". Em outras passagens do *Rigveda*, fala-se de movimentos rotatórios dos olhos e da cabeça, de balanço, tremores e titubeios, que mais uma vez parecem ter relação com o trauma do nascimento.

Estamos diante do fenômeno originário e primitivo da situação prazerosa e protetora e que mais tarde, através da separação da mãe e da transferência para o pai, dará forma, por criação projetiva, à sublimação religiosa, representada pela imagem de um deus todo-poderoso e pleno de bondade, mas também punitivo. Para Rudolf Otto,[177] na origem de toda religião, antes da formação de imagens de demônios e deuses bem definidas e circunscritas, estão certos "sentimentos primitivos numinosos", de surpresa diante do desconhecido e do incompreensível, que se manifestam no primitivo sob a forma de "medo de demônios".[178] Pelas explicações de Freud,[179] sabemos que os demônios se referem originalmente ao medo dos mortos; isto é, eles correspondem ao sentimento de culpa projetado para o exterior, enquanto que, por outro lado, o próprio medo indefinido – como no caso da criança – é uma consequência do trauma primitivo. A partir do desenvolvimento individual, é possível compreender que a angústia primitiva esteja diretamente associada aos mortos que representam a situação intrauterina. O modo pelo qual a crença em demônios se transforma na crença em deus

---

176. OLDENBURG. *Religion des Veda* [Religião dos Vedas]. 2. ed., p. 405.
177. *Das Heilige. Über das Irrationale in der Idee des Göttlichen und sein Verhältnis zum Rationalen* [O sagrado. Sobre o irracional na ideia do divino e sua relação com o racional]. 11. ed. Stuttgart, 1923.
178. O lado positivo desse sentimento primitivo religioso, a "força mística contínua" que, sob os nomes de *Orenda, Wakondo, Mana*, é concebido como atuante nas relações entre os homens e as coisas, já foi definido por Lorenz como a projeção das relações entre mãe e filho (*op. cit.*, p. 58 ss).
179. *Totem und Tabu* [Totem e tabu], 1912, p. 13.

é bem conhecido pela pesquisa de cunho mitológico e folclórico; mas o agente psicológico de toda essa evolução consiste na substituição progressiva da mãe temida (demônio) pela figura do pai, que representa o medo "sublimado" e o sentimento de culpa. Esse processo de evolução religiosa ocorre paralelamente à evolução social, como vimos anteriormente (no quinto capítulo). Também aqui, no início, temos o culto da grande divindade materna das religiões asiáticas, que é concebida tanto como "a deusa selvagem do amor voluptuoso e da vida luxuriante da natureza", quanto como a "rainha celeste pura, a deusa virginal",[180] que reencontramos em Eva e Maria, e que continuam na Graça de Irineu, na Helena de Simão, o Mago, na Sofia etc. Um estudioso moderno dos "mistérios gnósticos"[181] observa que "é magnífica a flexibilidade da crença na divindade materna; nela, tudo o que apresenta um caráter religioso encontra seu lugar, desde o culto orgíaco até o amor pela arte e pela beleza, desde os mistérios da Synousia até a astrologia e a luz de Belém. A divindade materna poderia ser tudo: alma universal, espírito universal, evolução universal, vontade universal, sofrimento universal, redenção do mundo, luz cósmica, grão universal, pecado universal – uma irradiação de tudo isso em todos os níveis do ser, até o mais vulgar – ela poderia rir e chorar, ser espírito e corpo, deusa e demônio, céu, terra e inferno; enfim tudo!". As representações posteriores de cunho religioso e filosófico de uma criação do mundo por um deus masculino, como já mostrou Wittgenstein, desembocam numa negação da mãe primitiva, como na narrativa bíblica da criação do homem.[182] Eis porque as

---

180. Ver Bousset na *Realenzyklopädie*, editada por Pauly-Wissowa-Kroll, v. VII, p. 1513 ss.

181. *Die gnostischen Mysterien. Ein Beitrag zur Geschichte des christlichen Gottesdienstes* [Os mistérios gnósticos. Uma contribuição à história do culto cristão], do Dr. Leonhard Fendt. Munique 1922, p. 41.

182. É por isso que, mesmo na religião cristã, Deus é representado como tendo sido gerado por um útero ou matriz. Em Petavius (*De trinitate*, lib. V, cap. 7, § 4, podemos ler: "A escritura nos diz que o filho foi concebido a partir da matriz do Pai: pois embora Deus não possua uma matriz nem seja nada de corpóreo, é Nele que tem lugar toda verdadeira concepção, todo verdadeiro nascimento, como bem demonstra a palavra 'matriz'" (*apud* Winterstein, *op. cit.*, p. 194). Outros materiais interessantes a esse respeito em Wolfgang Schultz: *Dokumente der Gnosis*, Iena, 1910. Permito-me aqui citar o tema principal e algumas proposições do esplêndido *Livro da criação da criança* (*Buch von der Schöpfung des Kindes*), tal como ele é reproduzido no *Pequeno Mildraschim*: o Livro começa pelo encontro dos pais e pela descrição dos primeiros passos da "gota", que é protegida por um anjo. Depois que o "espírito" é introduzido na gota, o anjo a leva pela manhã ao "paraíso" e, à noite, ao "inferno", mostrando-lhe em seguida o local da Terra onde ela irá morar e onde ela será enterrada. "Mas o anjo a reconduz ao corpo de sua mãe e o santo, que ele seja louvado, a encerra lá dentro. E o santo, que ele seja louvado, lhe diz: 'tu irás até aqui, não mais adiante'. E deita a criança no flanco de sua mãe durante

seitas heréticas, tanto judaica quanto cristãs, se caracterizam pelo retorno, de matiz sexual, à divindade materna. Esses movimentos revolucionários no interior da religião seguem a mesma via que os movimentos sociais; ou seja, a regressão à mãe.

É assim que o famoso culto espermático celebrado na ceia gnóstica da seita dos Fibionitas (entre 200 e 300 d.c.) parece estar ligado ao culto da divindade materna na Ásia e no Egito: Mami entre os sumérios, Ischtar na Babilônia, Magna Mater, Cibele, Ma, Ammas na Ásia Menor, Grande Mãe em Cartago. Ísis no Egito, Deméter entre os gregos, Astarte para os sírios, Anahita para os persas, Alilat para os nabateus, Kwannyin no budismo hindu, Kwannon no budismo japonês e a "mãe primitiva" do taoísmo chinês. As ceias fibionitas, esse *religio libidinum* que, "apesar de tudo o que há nele de genuinamente pagão, sempre aparecem como os antigos comentários, de difícil compreensão, da ceia cristã e sua descendente, a missa",[183] segundo sua natureza, consistem, como Fendt observou com razão (*op. cit.*, p. 4), não na promiscuidade sexual que tanto lhe fora censurada,[184] mas no gozo da absorção dos excrementos sexuais. "A mulher e o homem tomam nas mãos o esperma masculino. [...] E então eles o comem, comunicam sua própria vergonha e falam: Este é o corpo de Cristo. [...] Eles fazem o mesmo com o produto feminino, quando a mulher está no período menstrual... e ambos também o ingerem juntos. E falam: Este é o sangue de Cristo".[185]

---

nove meses. Durante os três primeiros meses, ele fica alojado no compartimento inferior, nos três meses seguintes, no compartimento do meio e, nos três últimos, no compartimento superior. E ele come tudo aquilo que sua mãe come, bebe de tudo o que ela bebe, e não elimina os excrementos pois, se o fizesse, sua mãe morreria. E, quando chega o momento de ela vir ao mundo, vem aquele anjo e diz a ela: 'Sai, pois é chegada a hora que tu venhas ao mundo'. E o espírito da criança responde: 'Já disse àquele que me falara que estou satisfeita com o mundo em que vivi'. E o anjo lhe responde: 'O mundo para o qual te levo é belo. E mais: a despeito de tua vontade, foste formado no corpo de tua mãe e, a despeito de tua vontade, tu nasceste para vir ao mundo'. A criança logo começa a chorar. E por que ela chora? Por causa daquele mundo no qual ela estava e que agora ela irá deixar. E, assim que ela sai, o anjo bate em seu nariz e apaga a luz acima de sua cabeça. Ele faz com que a criança saia contra sua vontade, e esta se esquece de tudo o que tinha visto. E, tão logo ela sai, começa a chorar".

183. Ver FENDT. *Gnostische Mysterien, op. cit.*, p. 8.

184. Principalmente as orgias incestuosas, que também fazem parte do culto materno asiático (ver RANK. *Inzestmotiv*, 1912) bem como da missa negra (satânica), na qual a mulher é novamente cultuada (ver LÖWENSTEIN. Zur Psychologie der Schwarzen Messen [Sobre a psicologia das missas negras]. *Imago*, v. IX/1, 1923). Minucius Felix (depois de 200), recrimina aos fibionitas: *"post multas epulas, ubi convivium caluit et incestae libidinis ebriatis fervor exarsit"* (Fendt, *op. cit.*, p. 12).

185. Ver em Fendt (p. 80), uma identificação análoga entre a Grande Mãe e Cristo, enquanto *logos*.

Fendt (*op. cit.*, p. 5) vê, na terceira festa, que eles chamam de "o perfeito Pascha", o complemento e a explicação das duas outras, no sentido de que o ato sexual só acontece para destruir o sêmen, esse instrumento dos arcontes da luxúria. "Se, apesar de tudo, uma criança é concebida, então ela será a refeição sagrada da terceira ceia! De cada mulher que se torna mãe por acidente, o embrião será extraído, moído, temperado com mel, pimenta, óleo e ervas aromáticas, e todos o comerão usando os dedos. E depois, farão suas preces dizendo: 'O arconte da luxúria não conseguiu nos enganar, não, nós recolhemos o pecado do irmão'. Agora conhecemos" – acrescenta Fendt (p. 5) a título de explicação – "um instrumento de combate aos arcontes sob a forma de uma dissolução dos mandamentos: o silogismo dos antitactes e nicolaístas que Clemente de Alexandria resume assim: tudo o que Deus Pai criou, era bom; mas um deus inferior o imiscuiu no mal; os mandamentos são obra desse deus inferior... o arconte da luxúria quer que crianças sejam concebidas – por isso tudo é feito para impedir a concepção de crianças."

Descrevemos detalhadamente esse culto e seus comentários porque nele se manifesta todo o mecanismo da sublimação religiosa e, por conseguinte, da formação religiosa propriamente dita. O deus inferior que quer trazer as crianças ao mundo e, portanto, fazê-las passar pelo trauma do nascimento, é a mãe, e toda a luxúria (incestuosa) dos gnósticos pretende o retorno ao útero, excluindo, contudo, a possibilidade de renovação do trauma do nascimento: eis porque o sêmen é absorvido pela boca (comido). Porém, se a concepção acontece, então o embrião é arrancado do ventre materno, para que o trauma seja evitado, e novamente incorporado através da boca. "Entendemos a evolução do mundo", diz Fendt, "como um grande erro, a salvação só pode vir se recuperarmos essa efetividade que se manifesta em tudo."[186]

O Deus-Pai entrou no lugar da mãe primitiva, fonte de medo e de prazer para, bem no sentido do totemismo freudiano, criar e garantir a organização social. Toda retomada do culto à mãe, que só pode ocorrer do ponto de vista sexual, é considerada como antissocial e é acompanhada de todos os horro-

---

186. Também o aprendiz brâmane que sofre uma perda seminal reza: "Que a força do sentido, a via e a bem-aventurança retornem a mim, que eu recupere o princípio brâmane e a possessão. O sêmen que hoje saiu de mim e caiu sobre a Terra, que escapou para as matas e águas, que ele entre novamente em mim, para prolongar minha vida e minha glória" (Oldenburg, *op. cit.*, p. 430). E, quanto ao iogue, lemos: "por força do exercício, ele obriga a gota que quer se dirigir ao corpo da mulher a retornar. Mas, se algumas gotas já caíram, ele consegue recuperá-las e guardá-las. Assim, ele vence a morte. Pois assim como as gotas que caíram significam a morte, sua conservação significa a vida". (Schmdt: *Fakire und Fakirtum*, 1908).

res do fanatismo religioso,[187] que, em última análise e tal como na revolução social, visa à manutenção e o fortalecimento do poder materno em favor da proteção da comunidade social. É por isso que todas as épocas marcadas por movimentos regressivos são seguidas de uma forte reação puritana, como também ocorre na história da fé judaica. O movimento de retorno mais conhecido é o período pseudomessiânico dos sabatianos, há cerca de 300 anos, cujo iniciador, Sabbatai Zevi, era um judeu de origem espanhola nascido em Esmirna.[188] De forma semelhante aos gnósticos, ele proclamava a abolição dos mandamentos, fazendo com que seus seguidores se afastassem completamente dos rigorosos princípios do judaísmo – especialmente após sua morte. Sua especificidade reside no fato de que a mulher era considerada uma divindade, e formas proibidas da vida sexual, sobretudo incestuosas, eram tidas como serviços prestados ao Senhor. "Nas cavernas próximas a Salonica, eles promoviam orgias com fins religiosos. Na entrada do sabá, colocavam uma mulher nua no centro e dançavam ao redor dela, igualmente nus. As orgias tomavam o lugar das preces. Eles logo difundiram seus costumes entre todas as comunidades judaicas do mundo. [...] É claro que foram perseguidos impiedosamente pelos rabinos. [...] Apesar disso, não conseguiram destruir completamente a seita, mesmo duzentos anos após sua fundação. Na Turquia, há resquícios dela até os dias de hoje." (Langer, *op. cit.*, p. 39). A reação imediata que, segundo a bela explicação de Langer, não conduziu à eliminação ascética da mulher, mas sim ao fortalecimento do elo homossexual (socialmente ativo),[189] liga-se ao nome do célebre rabino Israel ben Eliezer, também conhecido como Baal Shem Tow (1700-1760), e ao hassidismo criado por ele. Langer chega à seguinte conclusão: "Toda a história interna do povo eterno de fato parece, pois, como uma sucessão de lutas mais ou menos conscientes entre essas duas orientações. A luta costumava ser encerrada com um compromisso que, na época pré-histórica, acrescentou novas leis e novos símbolos às leis e símbolos já existentes. Aqui intervieram de forma decisiva a ideia da morte e aquilo que Freud chamou de complexo de Édipo; desta forma, toda a legislação judaica foi efetivamente pré-formada por Eros, antes que recebesse, pela revelação, a sanção divina" (*op. cit.*, p. 93).

---

187. Ver a esse respeito REIK. *Der eigene und der fremde Gott. Zur Psychoanalyse der religiösen Entwicklung* [O deus próprio e do deus do outro. Sobre a psicanálise do desenvolvimento da religião], 1923.

188. Segundo M. D. Georg Langer: *Die Erotik der Kabbala* [O erotismo da cabala]. Prag, 1923.

189. O *Deuterônimo* (13:7) fala do "amigo que é para ti como que tua alma", logo após ter mencionado "a mulher do teu ventre" como de algo bem conhecido (Langer, p. 91).

A essa excelente formulação, gostaríamos de acrescentar uma observação metodológica que também se refere ao estudo psicanalítico das religiões. Não restam dúvidas de que todas essas seitas e cultos maternos têm a ver com fenômenos de regressão, no sentido de um "retorno do reprimido". Mas aqui, da mesma forma que no âmbito biológico, é preciso termos o cuidado de não antecipar o ponto de vista filogenético, nem tampouco de querer encontrar ou restituir um substrato social onde existe apenas um substrato psicológico – ainda que inconsciente. É assim que os sectários judeus modernos parecem remontar aos cultos maternos asiáticos, enquanto que eles naturalmente não precisam saber nada a respeito deles, mas tão somente conseguem produzir as mesmas reações a partir de suas experiências individuais inconscientes. No entanto, mesmo quando uma retomada direta é possível ou até provável, como no culto do "bezerro de ouro"[190] dos judeus, que parece representar o "recém-nascido" como um Deus-filho, a explicação psicológica é muito mais importante e interessante do que a da "tradição" meramente mecânica. Se, por outro lado, reconhecermos na tradição das religiões paternais fragmentos de fases maternas recalcadas, e procurarmos reconstruí-los, então iremos concluir que se trata justamente da fase inicial da formação religiosa no sentido próprio do termo que, com Freud,[191] reconhecemos ser o resultado final da luta primitiva pela e contra a mãe, e como a vitória do poder social paterno.

Sob esse ponto de vista e do desenvolvimento social, descrito por Freud, da "horda fraterna" até o estágio de comunidade, podemos seguir esse desenvolvimento religioso um pouco mais adiante, e ainda em concordância com nossa própria concepção de desenvolvimento social (rei-infante), enquanto transição do culto materno à religião paterna, tendo como fase intermediária a divindade solar, que encontrou sua expressão mais pura no cristianismo. É possível que a importância histórica universal do cristianismo se funde no fato de que este ousou, pela primeira vez, atribuir ao deus-sol uma posição central, ao mesmo tempo em que não tocou nos direitos primordiais da mãe e do pai secundário. Isso explicaria também a valorização das crianças por parte de Cristo nos textos do Evangelho. O próprio Cristo sempre permaneceu um *infant*, como também fora representado nas imagens após sua morte (*Pietá*).

---

190. "Idolatria" parece significar simplesmente "culto da divindade materna". Cf. o culto de Baal (*El*, para os cananeus), em cuja goela quente os fenícios e outros povos atiravam as crianças pequenas.

191. *Totem und Tabu*, 1912.

Nos mistérios antigos, cada místico era imediatamente transformado em deus. A fórmula de adesão – "Jejuei, bebi o *kikéon* (mistura) que retirei de dentro da caixa e, depois de ter trabalhado, coloquei-o de volta na cesta e, da cesta, na caixa" – demonstra tratar-se de um retorno ao útero materno, sendo que, agora, essa interpretação de *cysta mystica* já é adotada pelos arqueólogos. "Ao retirar da caixa sagrada aquilo que representava o regaço materno e fazendo com que escorresse pelo seu próprio corpo, o místico recebia a sabedoria, renascia do regaço da mãe-Terra, de quem ele se tornava filho carnal."[192] Isso explica também as alusões ainda mais obscuras a que recorreram muitos escritores cristãos ao falarem dos Mistérios de Elêusis: "não se trata aí da descida obscura e da união solene entre o hierofante e a sacerdotisa, somente entre eles? E inúmeros são aqueles que querem saudá-los, o que fazem em plena escuridão!".[193] Não se trata, contudo, de um simples coito, ou de um coito "sagrado" que pode ser acompanhado por "inúmeras" pessoas, e sim de uma união com a mãe. Prova disso é não apenas o símbolo da *cysta mystica*, como também, e de forma ainda mais inequívoca, os realistas mistérios frígios, nos quais um místico descia até um túmulo "onde o sangue de um touro abatido o inunda. Depois do renascimento, ele recebe o leite como alimento, pois o deus que está nele ou ele mesmo que está em deus, ainda é uma criança; então, ele se levanta e passa a ser adorado como deus pela comunidade".[194] As práticas da ioga hindu também permitem a cada um tornar-se um deus através da submersão mística; ou seja, através da penetração no ventre materno, e de um retorno ao estado embrionário, que faz parte da onipotência divina (ver Ferenczi: *Entwicklungsstufen*).

Deste modo, o *infans* – em última análise, o que não nasceu – revela-se como deus, ou como seu representante na terra, seja como rei ou como Papa, que se submete a restrições ainda mais severas, o que nos permite concluir: cada um, ao menos uma vez, já foi ele mesmo "deus" e pode voltar a sê-lo, desde que seja capaz de voltar ao estado primitivo e, por isso é

---

192. KÖRTE, A. In: *Arch. f. Relig-Wissensch.* [Arquivos de Ciência da Religião], v. XVIII, 1915.
193. DE JONG. *Das antike Mysterienwesen* [As criaturas misteriosas da Antiguidade]. 1909, p. 22.
194. REITZENSTEIN. *Hellenistische Mysterienkulte* [Cultos misteriosos helenísticos]. 2. ed., 1920, p. 32. Num hermético mistério de renascimento, o místico grita: "Estou no céu, na Terra, na água, no ar; estou nos animais, nas plantas, dentro do ventre materno, saindo dele, entrando nele, estou por toda parte" (p. 29 e 35). Ver também os mistérios em honra do Mitra persa e o sacrifício de um touro, também em sua honra (Cumont, *Mithras* [Mitra]; Dietrich, *Eine Mithrasliturgie* [Uma liturgia de Mitra]).

tão fácil para cada um identificar-se com o deus "único e exclusivo".[195] Mas como nem todos podem retornar para dentro da mãe, então nem todos podem ser rei ou deus. Eis porque aqueles que foram escolhidos em meio a uma multidão, os sacerdotes, eram de início castrados; ou seja, tinham de renunciar a essa prerrogativa da penetração no ventre materno, e isso finalmente em favor de um único, do mais jovem, aquele que de fato consegue assumir o lugar do pai e, por meio da sublimação religiosa, transformar em sacrifício voluntário para si e para os outros, o ato mais prazeroso com o qual, aliás, a multidão acredita puni-lo.[196] Com esse sacrifício, ele salva da destruição a comunidade social. Já a mãe, em parte é elevada à altura de uma divindade celeste, em parte representa desde o princípio cruel e tentador de toda gestação até a figuração religiosa e ética do antigo conceito de mundo subterrâneo que, derivando da mitologia celeste, passa pela sublimação religiosa preparada pelo Apocalipse de São João, e atinge o extremo oposto – o inferno medieval.

Este se revela, em seus detalhes físicos mais crassos, como o contraponto, carregado de medo, da fantasia intrauterina do céu e do paraíso. Especialmente as punições do inferno, que correpondem às punições do mundo subterrâneo dos gregos, representam, até em seus mínimos detalhes, reproduções da situação intrauterina (prisão, calor etc.) e não surpreende que os histéricos da Idade Média tenham se servido preferencialmente desse material pré-formado para a representação das mesmas tendências inconscientes.[197] A análise do inconsciente nos revela então porque o Senhor deste "inferno" apresenta os traços do malvado pai primitivo pois, com efeito, foi ele quem transformou o palco de todas aquelas sensações prazerosas no seu polo oposto. O significado primitivamente feminino do diabo, que encarna a garganta do diabo, talvez ainda esteja presente na figura um pouco cômica de sua avó, que ainda continua viva nas bruxas – e não apenas nos contos de fadas – enquanto a malvada e perigosa mãe primitiva. Na feitiçaria medieval e na funesta perseguição pela Inquisição, não vemos outra coisa

---

195. Ver a mesma concepção em *O mito do nascimento do herói*: cada indivíduo seria um "herói", sendo que o nascimento é seu principal feito. Quando, por exemplo, uma esquizofrênica (Storch, p. 60) se identifica com Cristo, pois ela também veio ao mundo em um estábulo, então ela está completamente certa: pois ela também nascera de uma maneira natural e se esforça para negar o trauma do nascimento.

196. Parece que foi assim que Maomé, em seus estados epilépticos (aura?), concebeu o paraíso islâmico com seus deleites (as *houris*, virgens prometidas aos islâmicos bem-aventurados).

197. Ver a esse respeito GRODDECK. Der Symbolisierungszwang [A compulsão ao simbolismo]. *Imago*, v. VIII, 1922.

senão a transposição, para a realidade, da situação do inferno com suas penas – o que, segundo uma hipótese que Freud expressou apenas oralmente, seria um trauma real que parece estar estreitamente relacionado ao trauma sexual e, com isso, ao trauma do nascimento.

Ao interpretarmos as punições do inferno como representações da situação intrauterina com um signo negativo, nos aproximamos de um tema que já discutimos e que ainda se revelará, no último capítulo, como sendo o problema psicológico central do trauma do nascimento. Não podemos aqui seguir nessa via complicada e melhor esclarecida pelo estudo da neurose obsessiva, e que nos conduz, dessas projeções primitivas às valiosas formações reacionais que culminam nas representações éticas. Gostaríamos apenas de mencionar o processo contínuo de interiorização que se completa nesse âmbito, e que corre em paralelo com uma compreensão crescente da gênese psíquica das formações éticas que, em última análise, têm suas raízes no sentimento inconsciente de culpa. Os poderes superiores que punem e recompensam, e que não estamos autorizados a contrariar, são devolvidos ao eu, de onde o sentimento narcisista de onipotência os havia projetado nos mundos subterrâneo e supraterrestre, nos quais figuravam ora como representantes maternos (proteção, auxílio, graça) ora como paternos (o próprio sentimento de onipotência). Coube somente à imensa obra desse moralista extremo que foi Kant fazer com que a lei moral descesse novamente do céu estrelado e viesse até nós – que ele só conseguiu ao restabelecer, ao menos metaforicamente, na sua conhecida comparação, essa identidade difícil de ser renunciada.

É significativo para a evolução do conceito de punição, que não apenas todas aquelas inventadas pela imaginação dos homens, mas também aquelas que se aplicavam à ação, à vida real, representavam o estado primitivo da situação intrauterina, acentuando seu caráter desagradável. Sem pretender uma interpretação detalhada das punições do mundo subterrâneo dos gregos, queremos apenas mencionar que as mais conhecidas dentre elas apresentam traços típicos que permitem sua compreensão. O crime desses culpados geralmente consiste numa revolta contra um deus supremo, na maioria das vezes devido ao desejo por sua mulher, a mãe primitiva, como no caso de Íxion, considerado o primeiro assassino de um ente próximo. Sua pena, segundo as ordens de Zeus, consistiu em "ser preso, junto com algumas serpentes, a uma roda alada de fogo com quatro raios, que girava ininterruptamente, chicoteado e lançado pelos ares sob o grito: 'É preciso venerar os benfeitores'! Uma vez que Íxion é imortal, a pena lhe será duplamente dura".[198] De forma análoga, Tântalo, uma "personificação da abundância e da riqueza", é punido pela sua prepotência em querer assemelhar-se aos deuses. A versão primitiva mostra a situação de medo como sendo permanente, pois sobre sua cabeça encontra-se suspensa uma pedra

FIGURA 1 – Íxion preso à roda (Fragmento de um vaso, Berlim).

FIGURA 2 – Tântalo (num sarcófago).

---

198. Roscher, *Lexikon der Mythologie*, II, 1.

em constante risco de cair; a outra punição, sua condenação eterna à fome e à sede, refere-se claramente ao favorito que participa, como convidado, de todos os solenes banquetes dos deuses e que, para colocá-los à prova, lhes serve carne humana. Tântalo, a propósito, aparece num sarcófago (ver Roscher, V, p. 83-4), preso de maneira bem naturalista a uma roda, enquanto que Íxion, numa bela estilização, é representado num círculo duplo. Sísifo, enfim, que também aspira à mesma "imortalidade" dos deuses, irá realizar seu desejo da mesma forma: condenado a empurrar uma pedra em direção ao topo de uma montanha, contrariando a tendência natural desta de sempre rolar para baixo: "O suor escorre de seus membros e uma nuvem de poeira envolve sua cabeça".

Todas essas penas e todos esses punidos, conforme a tradição grega, só serão mais tarde transportados ao mundo subterrâneo, o Tártaro, numa fase posterior da civilização grega. Primitivamente, eles eram não apenas reais, como também tinham um significado inconsciente, e receberam uma nova realidade na obscura época da Idade Média e que, em comparação com o helenismo, representa ela mesma um mundo subterrâneo infernal. A fogueira e a roda que puniam as bruxas – sem falar nos esquartejamentos e nas torturas (eram penduradas de cabeça para baixo) – a privação da visão ou o afogamento, a punição típica dos parricidas, que eram atirados ao mar dentro de um saco:[199] tudo isso demonstra claramente o caráter indestrutível do desejo do inconsciente, tal como Freud o caracterizou, que dirige contra si mesmo as penas mais terríveis que o homem poderia imaginar e os sintomas físicos da neurose, revestida sob a forma da primeira e mais intensa experiência de prazer, a da vida intrauterina. Deste modo, não parece impossível mas, antes, compreensível, que essas punições não apenas sejam suportadas, como também sentidas como prazerosas o que, a propósito, as práticas masoquistas demonstram cotidianamente. Isso também explica em grande parte o caráter prazeroso de certos sintomas neuróticos, nos quais o paciente faz de si mesmo prisioneiro, recolhendo-se a um quarto e trancando-se lá dentro, ou fantasiando que o mundo inteiro é um cárcere, o que lhe proporciona um bem-estar inconsciente.[200] A verdadeira punição que ele sofrera já há muito tempo e da qual ele parece querer subtrair-se através dessas fantasias de autopunição, era a separação primitiva do ventre materno, a perda desse paraíso primitivo, que ele, tomado por uma nostalgia incontornável, tenta reiteradamente realizar de novo sob todas as formas possíveis.

---

199. Ver STORFER. *Zur Sonderstellung des Vatermordes* [A posição singular do parricídio], 1911.
200. A partir disso, podemos compreender a psicologia profunda das chamadas psicoses de reclusão.

Também a crucificação que, enquanto punição pela revolta contra o Deus pai, está no centro do mito de Cristo, corresponde a essa mesma transformação e adaptação da situação intrauterina, tal como a prisão de Íxion à roda que, se o círculo for subtraído, notaremos que apresenta quatro raios que formam uma cruz.[201] A crucificação corresponde, assim, a um retorno doloroso ao útero materno, ao qual, logicamente, segue-se a ressurreição; ou seja, um nascimento, e não um renascimento. Pois também aqui não se trata de nada além de uma repetição e reprodução sublimadas, sob o aspecto ético-religioso,[202] do processo de nascimento, no sentido de uma superação neurótica do trauma primitivo. Com isso, explica-se também o importante papel que o mistério cristão da salvação desempenha na vida imaginária do neurótico e dos doentes mentais, enquanto identificação com o herói passivo, bem-sucedido no retorno pelo caminho de um sofrimento prazeroso. Essa identificação é uma grandiosa tentativa de cura, que salvou a humanidade da ruína do mundo antigo, e pode ser observada com toda nitidez nos relatos das curas milagrosas de Cristo, que recuperou cegos e paralíticos ao impor-lhes o desafio da identificação com ele mesmo, uma vez que podiam ver nele a imagem de alguém que superou o trauma do nascimento.

Essa interpretação da lenda de Cristo associa-se à teoria infantil da Imaculada Conceição como versão dogmática do trauma do nascimento. De acordo com o mito do herói, que encontra sua expressão extrema na figura de Cristo, essa teoria afirma que também esse herói negativo, que conseguiu superar esse trauma numa escala tão surpreendente, não nasceu pelas vias naturais e, portanto, também não retornou ao seio materno por vias naturais. Essa imperfeição humana que constitui o grave trauma do nascimento será, no sentido de nossa concepção de determinismo do sintoma neurótico, reproduzida na vida posterior do adulto, nos sintomas de seus sofrimentos físicos e psíquicos. Assim, a punição manifesta representa, de acordo com seu conteúdo latente, a realização ideal, o retorno para a mãe, enquanto que a idealização artística e ornamental do salvador crucificado, de acordo com seu sentido latente, expressa a verdadeira punição do inferno, a impossibilidade da posição embrionária.

---

201. Deste modo, a própria cruz representa ainda algo de "interior", os raios da roda, livre do círculo que os fecham. "Também a suástica faz parte desse contexto: a cruz ordinária cujos raios formam o círculo que haviam perdido é, naturalmente, um símbolo da vida e da vitória" (Schneider, *op. cit.*, p. 8, nota 2).

202. O próprio Cristo explica, nos Evangelhos, as inacreditáveis contradições relacionadas a essa repetição a partir da compulsão à repetição: "Que se cumpra a palavra do profeta!".

FIGURA 3 – Crucificação – Xilogravura de Lukas Cranach.

VII – A SUBLIMAÇÃO RELIGIOSA | 127

FIGURA 4 – Crucificação – Xilogravura de Lukas Cranach (1502).

VIII
A IDEALIZAÇÃO ARTÍSTICA

As realistas ilustrações de crucificações de Lukas Cranach[203] demonstram de forma exemplar essa concepção demasiado humana do mito de Cristo: nelas, ao lado do salvador crucificado, representado na conhecida postura dos braços estendidos, os outros pecadores são pregados a troncos de árvores em atitude embrionária bastante característica. Se a estilização da crucificação de Cristo na arte revela um mecanismo de defesa ou de punição como o do *arc de cercle*, então as figuras realistas que Cranach contrapõe ao Cristo nos oferecem uma imagem da tendência à idealização presente na representação artística e que parece querer atenuar, por meio de formas estéticas, a aproximação bastante evidente do estado primitivo, que também lhe empresta um caráter punitivo.[204]

Esse processo de idealização artística que, mantendo-se fiel à natureza, aspira não apenas à aparência estética, à irrealidade ou a uma negação da "natureza", teve seu ponto culminante na civilização grega, cuja primeira análise psicológica magistral foi empreendida por Nietzsche. Em sua magnífica obra inaugural, ele já concebe a capacidade harmônica daquilo a que chama de "apolíneo" e que, para nós, caracteriza a essência grega; segundo

---

203. Representações ainda mais realistas dos ladrões podem ser encontradas em Urs Graf, entre outros.

204. É interessante notar que, para Schopenhauer, a essência do efeito estético consistiria em nos salvar da "vontade". Nietzsche, a quem não escapou o "recalcamento" sexual subjacente a essa concepção, reproduz a célebre passagem do *Mundo como vontade e representação* (I, 231): "Esse é o estado sem dor que Epicuro louvava como bem supremo e estado dos deuses; por um momento nos subtraímos à odiosa pressão da vontade, celebramos o sabá da servidão do querer, a roda de Íxion se detém...". Ao que Nietzsche acrescenta: "Que veemência das palavras! Que imagens de tormenta e de longo desgosto! Que contraposição quase patológica entre 'um momento' e a 'roda de Íxion', a 'servidão do querer', a odiosa pressão da vontade'!". [*Genealogia da Moral*. Trad. brasileira de Paulo César Souza. São Paulo: Companhia das Letras, 2009. p. 87. (N.T.)]

Nietzsche, trata-se de uma reação a um desequilíbrio primitivo neurótico, caracterizado por ele como "dionisíaco". Ele também observa, com razão, um critério ou um grau desse processo de idealização, único na história da humanidade, na completa transformação da relação com a morte. Isso se revela tanto na sabedoria do velho Sileno, que faz o elogio da inatalidade,[205] como nos heróis homéricos que, "invertendo-se a sabedoria de Sileno, poder-se-iam dizer: 'A pior coisa de todas para eles é morrer logo; a segunda pior é simplesmente morrer um dia'. [...] Tão veementemente, no estado apolíneo, anseia a 'vontade' por essa existência, tão unido a ela se sente o homem homérico, que até o seu lamento se converte em hino de louvor à vida. Aqui é preciso declarar que essa harmonia contemplada tão nostalgicamente pelos homens modernos, sim, essa unidade do ser humano com a natureza, para a qual Schiller cunhou o termo artístico *naif*, não é de modo algum um estado tão simples, resultante de si mesmo, por assim dizer inevitável, que tenhamos de encontrar à porta de cada cultura, qual um paraíso da humanidade. [...] Onde quer que deparemos com o 'ingênuo' na arte, cumpre-nos reconhecer o supremo efeito da cultura apolínea: a qual precisa sempre derrubar primeiro um reino de Titãs, matar monstros e, mediante poderosas alucinações e jubilosas ilusões, fazer-se de vitoriosa sobre uma horrível profundeza da consideração do mundo e sobre a mais excitável aptidão para o sofrimento. [...] O grego conheceu e sentiu os temores e os horrores do existir: para que lhe fosse possível de algum modo viver, teve de colocar ali, entre ele e a vida, a resplandecente criação onírica dos deuses olímpicos. Aquela inaudita desconfiança ante os poderes titânicos da natureza, aquela Moira a reinar impiedosa sobre todos os conhecimentos, aquele abutre a roer o grande amigo dos homens que foi Prometeu, aquele horrível destino do sagaz Édipo, aquela maldição sobre a estirpe dos Átridas, que obriga Orestes ao matricídio, em suma, toda aquela filosofia do deus silvano, juntamente com os seus míticos exemplos, a qual sucumbiram os sombrios etruscos – foi através daquele artístico *mundo intermédio* dos Olímpicos, constantemente sobrepujado de novo pelos gregos ou, pelo menos, encoberto e subtraído ao olhar".[206] (Grifos nossos)

Com essas afirmações, Nietzsche compreendeu, com uma perspicácia inédita, o problema do desenvolvimento da civilização grega em suas raízes. Precisamos dar apenas um pequeno passo adiante na concepção

---

205. No original, Rank também lança mão de um neologismo: *Ungeborenheit*. (N.T.)
206. NIETZSCHE, F. *O nascimento da tragédia*. [Trad. brasileira de Jacó Guinsburg. São Paulo: Companhia da Letras, 2005. p. 36-8. (N.T.)]

psicológica do "dionisíaco", para chegarmos à fonte que alimentou toda essa civilização: a angústia! Porém, para seguirmos o caminho que nos conduz da angústia até a arte e, ao mesmo tempo, compreender como os gregos conseguiram chegar à perfeição mais sublime da idealização artística, temos de nos reportar a um símbolo central do medo primitivo e que tem origem no trauma do nascimento: a esfinge.

Numa obra fundamental, *Das Rätsel der Sphinx* [O enigma da esfinge], Ludwig Laistner (1884) estabeleceu um paralelo entre a lenda popular grega do monstro devorador e das lendas alpinas de tradição germânica, para remontar ambas à experiência humana do pesadelo. A psicanálise já demonstrou com toda clareza que o pesadelo, o sonho que desperta angústia, reproduz a angústia primitiva. Da mesma forma, ela revelou que a figura híbrida da esfinge, representando a angústia enquanto experiência psíquica, é um símbolo materno, e que seu caráter "devorador" evidencia sua relação com a angústia do nascimento. Nesse sentido, o papel da figura esfíngica na lenda edipiana é mostrar que o herói deve retornar para a mãe para superar a angústia do nascimento – o que, por sua vez, representa o limite que todo neurótico atinge em suas tentativas de regressão. Reik[207] demonstrou muito bem que o episódio da esfinge, na verdade, representa a lenda sob um segundo aspecto: manifestamente induzido pelo tipo de esfinge masculina egípcia, e talvez historicamente anterior, ele apenas pretendeu demonstrar que o caráter maternal desta, tal como estabelecido desde o início pela análise, não era, de forma alguma, primário, o que não se sustenta não apenas dentro do contexto aqui desenvolvido, mas também em vista das mais diversas orientações. Certamente a lenda de Édipo é, de certa forma, o duplo do episódio da esfinge; do ponto de vista psicológico, esse dado significa a reprodução do trauma primitivo durante a fase sexual (complexo de Édipo), enquanto a esfinge representa o próprio trauma. Por seu caráter devorador de seres humanos, a esfinge assemelha-se aos animais que despertam a angústia infantil e em relação aos quais a criança desenvolve, na sequência do trauma do nascimento, uma atitude ambivalente já descrita aqui. O herói que não é devorado pela esfinge consegue, ao superar a angústia, repetir esse desejo inconsciente na forma prazerosa do ato sexual com a mãe.[208] Mas, sendo uma fonte de angústia devido ao seu

---

207. Ödipus und die Sphinx [Édipo e a esfinge]. *Imago*, v. VI, 1920.
208. Na *Teogonia* de Hesíodo, primeira obra literária que menciona a esfinge, esta surge a partir da união da Equidna, que habitava a caverna subterrânea de Arimes, com seu próprio filho. Eurípedes também a chama de aquela "nascida da Equidna subterrânea" (*Roscher Lexikon*).

caráter devorador, a esfinge representa, por um lado e por seu conteúdo latente, que aquele que deseja retornar para sua mãe corre o perigo de ser devorado; por outro, e por seu conteúdo manifesto, ela representa o ato de geração em si e os obstáculos que se impõem, uma vez que a parte superior do corpo, que é humana, sai da parte inferior (maternal), que é animal, sem poder se separar em definitivo dela.[209] Eis o enigma da figura da esfinge, e

---

209. Uma fase psicológica preliminar particularmente significativa dessa ideia é oferecida pelo célebre baixo-relevo em terracota de Tinos, que representa a esfinge sob a forma de uma deusa da morte que captura a juventude (*Roscher*, IV, p. 1.370). (A esse respeito, ver também a "Harpia do túmulo de Xantos" em *Roscher*, I/2, p. 1.846). Essa relação entre a esfinge e a morte é facilmente compreendida, se lembrarmos que também a grande esfinge egípcia de Gizé não passa de um túmulo que não se distingue dos demais "túmulos de animais" como, por exemplo, as avenidas de elefantes dos túmulos de Ming, na China, apenas através da combinação particular de ser humano e animal. Ou seja, sublinhando a origem do corpo do homem a partir do animal, no sentido do mito do herói. O significado puramente genital do corpo da esfinge (órgão de gestação) aparece enfim com maior evidência no uso, por parte de mulheres numa fase tardia da civilização grega, de determinados recipientes de pomada de cunho erótico, que apresentavam uma forma esfíngica, como Illberg os descrevera (no *Roschers Lexikon*, IV, p. 1.384). Por exemplo, o belo vaso em forma de esfinge no British Museum, descoberto em S. Maria di Capua e que, de acordo com Murray, remontaria ao ano 440 a.C.

FIGURA 5 – Esfinge
(Relevo em terracota de Tinos).

O mesmo pode ser observado na cerâmica do antigo Peru, que também demonstra que a figura da esfinge era primitivamente um vaso e, sobretudo, um vaso no qual o próprio homem era conservado e do qual ele saíra. A notável representação de um homem "em forma de esfinge", com uma mandíbula de animal de rapina sob uma concha de caramujo, e as antenas que lhe saem dos olhos (Fuhrmann: Peru II, 1922, quadro 57). Sobre o quadro 31, do Museu de Etnologia de Hamburgo, Fuhrmann observa: "uma representação notável, com uma cabeça humana que, pela parte posterior, parece sair do animal, e estrutura física relativamente forte do animal representado que aparece na imagem anterior (ver quadro 30) parece indicar que o corpo do homem ainda está escondido no interior do animal". O quadro 30, do Museu de História Natural de Viena, na fase anterior, do homem saído do corpo do animal, já se aproxima da figura do centauro, cujo significado psicológico, tal como o concebemos, é confirmado pela observação de Fuhrmann de que os animais de montaria não eram conhecidos no Peru. Por isso "a base dessa representação ainda tem de ser esclarecida". De qualquer modo, a "origem" do cavaleiro pode ser compreendida: ele representa aquele que, estando ainda ligado à mãe é, por isso, o mais forte, superior, poderoso, o mais distinto (rei, líder, senhor). Quando os habitantes autóctones do México viram pela primeira

no seu deciframento está a chave para a compreensão de toda a evolução da arte e da cultura gregas.

Se compararmos brevemente a época clássica da arte grega com suas antecessoras orientais, observamos que os gregos realizaram, de forma consequente, e ao longo de toda sua evolução artística, a tendência mais profunda de sua vida afetiva, a de se separar da mãe. Essa tendência encontrou sua expressão singular nas formas da esfinge e do centauro, que substituíram os deuses de forma animal do mundo asiático pelos de figura humana, e mesmo bastante humana, como na representação de Homero. Todos esses seres híbridos e fabulosos, tão abundantes na mitologia grega, parecem refletir a dor e o sofrimento que fazem parte do esforço de separação da mãe, cujo resultado podemos admirar nos corpos de suas estátuas, com suas formas nobres, a um só tempo tão afastadas do caráter humano e tão presas a ele, particularmente nas estátuas de jovens nus.

Deste modo, o significado profundo da arte grega, do ponto de vista da civilização e da história de seu desenvolvimento, consiste no fato de que ela reproduz o ato biológico e pré-histórico do devir humano – a separação da mãe e o erguer-se da terra – na criação e no aperfeiçoamento de seu ideal artístico.[210] Uma manifestação desse princípio de desenvolvimento biológico seriam, a meu ver, as composições típicas dos frontispícios, que representam desde o guerreiro ferido e caído por terra até o deus ereto, além de uma série de figuras intermediárias, dentre as quais os centauros. De resto, para toda a arte asiática, na medida em que ela representa formas humanas, o modelo do homem sentado (no "trono") sempre foi essencial, como nas estátuas de Buda com as pernas dobradas, na plástica chinesa etc. Somente na arte egípcia a representação do corpo de pé ou em marcha começará a ser privilegiada – porém, sempre com uma cabeça de animal – enquanto que, na arte grega, o corpo surge, enfim, como um ideal de beleza puro,

---

vez seus conquistadores espanhóis montados em cavalos, acreditaram que animal e homem formavam um todo inseparável. O protótipo infantil dessas regressões quase "psicóticas" ao corpo do animal seriam as brincadeiras "de cavalinho", em que a criança monta sobre um adulto, que a sacode, ou num cavalo de madeira que balança de um lado para outro; ou ainda, de maneira ainda mais inequívoca, quando a própria criança faz com as pernas e com a parte inferior do corpo movimentos que imitam os do cavalo (galopa, salta etc.), enquanto que a parte superior do corpo representa o cavaleiro. A persistência primitiva nesse estado foram belamente representadas pelas "alucinações ilustradas" de um esquizofrênico, publicadas por Bertschinger (Illustrierten Halluzinationen, *Jahrbuch f. PsA.*, III, 1911).

210. No *Laocoonte*, Lessing afirma que, para os antigos, "homens belos criavam belas estátuas, e o Estado devia às belas estátuas a beleza dos homens".

literalmente livre de qualquer mistura com o animal e de todas as escórias do nascimento. Na plástica egípcia, como nas antigas figuras chinesas esculpidas nos rochedos, a figura sai aos poucos de dentro da pedra ("nascimento da pedra") como, por exemplo, na estátua em granito de Senemut (1470 a.c.) segurando uma princesa e que se encontra exposta no Berliner Museum: só é possível ver a cabeça de ambos emergindo de um imponente bloco de granito.[211] Esse mesmo motivo, embora mais distanciado do símbolo artístico do nascimento, é observado no grupo análogo do Cairo. Hedwig Fechheimer, em sua bela obra sobre a plástica dos egípcios[212], afirma que, segundo sua natureza, essa arte só poderia utilizar irrestritamente figuras imóveis: sentadas, de pé, agachadas ou de joelhos são os motivos mais frequentes. A estátua de granito de Senemut, na qual a figura humana é representada como inteiramente composta por um bloco coroado com uma cabeça, talvez ofereça, em sua severa regularidade, a expressão mais lógica e mais consequente dessa fantasia que, exercendo-se sobre o espaço, toca nos limites das formas arquitetônicas (p. 25-6). Nessas obras de arte, a plástica e a arquitetura que, originalmente, eram uma única arte, parecem ter recuperado sua conexão psicológica: a arquitetura, enquanto "arte do espaço", no verdadeiro sentido da palavra, é uma plástica e uma arte que busca "preencher o espaço". "As figuras cúbicas ultrapassam toda plástica conhecida – também as monumentais estátuas do santuário de Dídimos, próximo a Mileto, pela rigidez lógica de sua concepção... O esquema formal, que permite simplificar na representação a complicada posição agachada, com os joelhos içados e os braços cruzados sobre o peito, realiza-se por completo na estátua. As duas figuras são inteiramente penetradas pela concepção cubista" (p. 39).

O quanto esse movimento do artista de explorar uma figura humana aproxima o espírio egípcio do ato da geração pode ser comprovado pela própria linguagem: "criar" uma estátua, em egípcio, quer dizer "trazer à vida", e a atividade do escultor é designada pela forma causativa (ou ativa) do verbo "viver". E o que confirma que não se trata de uma simples semelhança fonética, e sim de uma razão profunda é o fato de cada estátua possuir um nome próprio, o que a alçava ao estatuto de indivíduo. [...] O mito elaborava o motivo de sua própria maneira: o deus primitivo Ptah, que

---

211. Na verdade, Senemut apoia seu queixo sobre a cabeça da princesa Neferu-Re, filha mais velha da rainha Hatshepsut, para quem trabalhava como arquiteto. A escultura se encontra no Museu Egípcio de Berlim. (N.T.)

212. Na coleção: *Die Kunst des Ostens* [A arte do Oriente]. v. I. Berlim.

outrora havia criado os deuses e todas as coisas é, ao mesmo tempo, o criador da arte e das oficinas. Seu pontífice carrega o título de "mestre de todas as obras de arte", e seu nome parece estar intimamente relacionado com uma palavra empregada muito raramente para o termo "formar" (p. 13).[213]

A esfinge de duas faces que, para a crença egípcia na imortalidade, representava a expressão artística e arquitetônica mais bem acabada da reencarnação, foi para os gregos o ponto de partida de um processo de superação dessa religião materna, levando-os à criação do mais elevado ideal artístico masculino. É fácil percorrer o caminho dessa evolução na história da civilização grega. Além da esfinge, tomada dos egípcios, faz parte da atmosfera grega um espectro que nos revela o fundamento desse processo de "helenização": o recalcamento mais intenso do princípio materno. A esfinge, como mostra Ilberg (no *Roschers Lexikon*) na sequência de Rohde e Laister, é de fato um ser lendário tomado de uma cultura estrangeira, mas que, na imaginação popular grega, logo foi fundido a formações próprias de tipo semelhante. É o caso dos vários monstros femininos surgidos das crenças primitivas, presentes em todo o universo lendário grego e que aparecem nos traços de Hécate, de gôrgona, de Mormo, Lâmia, Gello Empousa, das erínias, harpias, sereias e tantos outros espíritos do inferno e demônios da morte. Todas essas figuras representam a mãe primitiva que é fonte de angústia (do nascimento) e, como tais, demonstram a diferença fundamental entre a cultura grega e a asiática – na qual a grande mãe primitiva gozava de um culto divino (Astarte-Cibele), enquanto que, entre os gregos, ela sofreu um recalcamento sob a forma de uma reação contra a angústia, sendo substituída no Olimpo pelo predominantemente masculino, que correspondia ao Estado masculino terreno.[214] A transição entre essas duas concepções extremas de mundo parece formar a cultura egípcia, de onde os gregos retiraram a figura da esfinge.

A civilização egípcia é determinada por três fatores que podem ser relacionados, de igual maneira, às primeiras tentativas de recalcamento da atitude positiva para com a mãe, e que nas civilizações asiáticas ainda se manifestam irrestritamente na grande importância sexual da mãe primi-

---

213. No original: "*bilden*" que, nesse contexto, pode signifcar tanto formar, quanto modelar. (N.T.)

214. A incompletude desse recalcamento da mulher se faz notar nas discórdias conjugais entre o deus-pai Zeus e a deusa-mãe Hera, que já aparecem em Homero sob um aspecto cômico e justificam a alcunha do "herói de pantufas" que Offenbach atribuiu ao aventureiro esposo. O contraponto cristão será a grande mãe do diabo, que permanece a inconstestável senhora do mundo subterrâneo. Na Índia, ela é a terrível Durga.

tiva, enquanto que, no cristianismo, essa atitude retorna sob uma forma sublimada (culto da mãe de Deus). O primeiro fator, religioso, diz respeito ao culto singular dos mortos que, em todos os detalhes, especialmente o cuidado com a conservação do corpo, indica uma continuação da vida dentro do seio materno.[215] O segundo, artístico, se manifesta na supervalorização do corpo do animal (culto aos animais). E o terceiro fator, de ordem social, se exprime pela grande importância atribuída à mulher (matriarcado). Esses motivos, puramente "maternos" em sua origem, sofrem um processo de "masculinização" ao longo de uma evolução de dez séculos, nos quais acontece uma superação do trauma do nascimento; ou seja, uma transformação no sentido de uma adaptação à libido paterna. A característica comum às três manifestações desse princípio materno, bem como à tendência inicial de sua superação, é o culto à deusa da lua "Ísis", ao lado da qual seu irmão, filho e esposo Osíris, vai adquirindo poder aos poucos. O mesmo fenômeno se reflete no desenvolvimento progressivo do culto ao sol, mas não somente porque, como afirmara Jung, permite uma aproximação com a fantasia de um segundo nascimento, mas também no sentido de um culto mais primitivo da lua, que expressa a libido materna. O herói não se identifica com o sol apenas porque este se levanta novamente a cada dia, mas também porque ele desaparece todo dia no mundo subterrâneo, o que corresponde ao desejo primitivo de uma união com a mãe (= noite). É justamente isso que o culto solar egípcio demonstra de maneira inequívoca: com suas inúmeras representações imagéticas, que privilegiam a barca solar em sua viagem noturna ao mundo subterrâneo, como também nos textos do Livro dos Mortos: "Sob a Terra que, representada na forma de um disco, encontra-se um outro mundo, que pertence aos que já partiram, logo que o deus solar pisa nele, os mortos erguem seus braços e o exaltam; o deus ouve as preces daqueles que jazem em seus féretros e devolve-lhes o ar em suas narinas". O 'Canto dos deuses primitivos' invoca os deus solar: 'Quando desceres ao mundo subterrâneo à hora da obscuridade, desperta Osiris com teus raios. Quando te ergueres por sobre a cabeça dos habitantes do inferno (= mortos), eles te aclamarão... Faz com que se levantem aqueles que jazem a teu lado, logo que, à noite, penetrares no mundo subterrâneo'. A enunciação de certas fórmulas dá ao morto a possibilidade de fazer com que sua alma suba na barca solar, e com que ele seja levado por ela. Os

---

215. Freud demonstrou que a inclusão da múmia dentro de um receptáculo que tem uma figura humana significa o retorno ao útero materno (citado por Tausk, *op. cit.*, p. 24, nota).

mortos louvam o deus solar com cantos que são conservados dentro de sarcófagos reais de Tebas... Por causa dessa forte dependência dos mortos em relação ao sol, encontramos nos túmulos de fins do primeiro império tantas imagens que representam o deus solar: nos sarcófagos reais, o defunto se opõe ao deus de igual para igual". (Roscher, v. IV, "*Sonne*").

Eis porque, na cosmologia egípcia, o nascimento do sol é pensado como se o deus solar tivesse concebido a si mesmo. No "Canto do deus primitivo", esses pregam: "Misteriosas são a formas e o nascimento... daquele que surgiu como Re... que surgiu de si mesmo..., que se criou a partir de seu próprio corpo, que gestou a si mesmo; ele não saiu de um útero materno; ele saiu da infinitude". Também o outro "Canto do deus primitivo" diz: "Ele não tem pai, seu falo o concebeu; ele não tem mãe, ele saiu de seu próprio sêmen – pai dos pais, mãe das mães". (*op. cit.*, p. 1.191). Há uma outra versão do mito do nascimento, ainda mais próxima da situação primitiva, na qual o deus solar teria criado um ovo do qual ele então teria saído. No "Livro dos Mortos" lemos: "Re, que surgiu do Oceano, diz: 'Eu sou uma alma que criou o oceano... Meu ninho é invisível, meu ovo não foi quebrado... Fiz meu ninho nos confins do céu..." E a conhecida imagem que Roeder (*Roschers Lexikon*) relaciona à mesma ordem de representações, do "escaravelho que faz rolar uma bola diante de si (ou seja, seu ovo?) [*ibidem*, figura 7] para fazê-la penetrar no corpo da deusa celeste, de onde ele nascerá em seguida", não deixa a menor dúvida de que se trata da tendência primordial de retorno ao seio materno, que também tinha o mesmo significado nos cultos solares de locais tão distantes uns dos outros, como o Egito e o Peru.

A estruturação do culto solar vem regularmente acompanhada de uma mudança decisiva de uma civilização matriarcal para uma patriarcal, como se observa na identificação final do rei recém-nascido (*infans*) com o sol. Essa oposição à dominação da mulher, tanto no âmbito social (patriarcado) quanto no religioso, sofre um processo de transição do Egito para a Grécia, onde ela conduz a um completo recalcamento da mulher, mesmo na vida erótica, até chegar ao mais elevado florescimento da civilização masculina e de sua idealização artística.

FIGURA 6 –
O deus solar na flor de lótus (Berlim).

O ponto de transição e de intersecção dessa virada decisiva em direção ao desenvolvimento de nossa civilização ocidental encontra-se em Creta onde, como é sabido, as influências egípcias se misturaram pela primeira vez à civilização grega e micênica. Assim como a figura do grifo, presente na civilização micênica seria, segundo Furtwängler,[216] claramente influenciada pelo tipo de esfinge da época do Império Novo egípcio, também o minotauro, figura inteiramente humana, mas que possui uma cabeça de touro, é de inspiração egípcia. A prisão desse monstro, o célebre labirinto, tornou-se acessível à exploração analítica desde a importante descoberta de Weidner[217] (comunicação oral do Prof. Freud). Através de inscrições, Weidner reconheceu que os corredores obscuros e inextricavelmente interligados do labirinto representavam os intestinos humanos ("palácio dos intestinos", dizia uma das inscrições decifradas por ele), e que pode ser explicada analiticamente no sentido da realização inconsciente de um desejo: a prisão de uma figura disforme (embrião), que não consegue encontrar a saída. A demonstração detalhada dessa concepção, de importância indiscutível para a compreensão de círculos civilizatórios completos (não apenas o creto-micênico, mas também o nórdico) e seus modos de expressão artística (danças labirínticas, ornamentações etc.), fica reservada a um trabalho mais amplo;[218] gostaria de completar a presente exposição destacando a figura oponente de Teseu que, com a ajuda do fio lançado por Ariadne (cordão umbilical), consegue encontrar a saída do labirinto ou, segundo uma outra tradição, libertar a própria Ariadne. Essa libertação, que se dá pelo modo de expressão da compensação mítica, como a salvação pelo herói da virgem enclausurada, representa o nascimento do homem ideal grego, do herói, e sua separação da antiga mãe primitiva.

---

216. Adolf Furtwängler (1853-1907), o principal arqueólogo alemão da época, especialista em arte grega. (N.T.)

217. WEIDNER, E.-F. Zur babylonischen Eingenweideschau. Ein Beitrag zur Geschichte des Labyrinths [O ritual babilônico de leitura das vísceras. Uma contribuição à história do labirinto]. Orient. Studien, Fritz Hommel zum 60. *Geburtstag*. v. I. Leipizig, 1917. p. 191.

218. Cf. o já mencionado *Mikrokosmos und Makrokosmos*. Ver também SCHELTEMA, Adama van. *Die altnordische Kunst*, Berlim, 1923, p. 115, seq.: *"Der Kreis als Mutterform der Bronzezeitornamentik"* [O círculo como forma materna na ornamentação da idade do bronze]. Uma breve menção à imagem acima (*apud* Krause), da célebre bilha de Tagliatella: ele representa "os cavaleiros voltando do castelo de Troia" (do "labirinto"), com o rabo do último cavalo formando uma espécie de espiral (ou novelo). (ver KRAUSE. *Die nordische Herkunft der Trojasage* [A origem nórdica da lenda de Troia]. Glogau, 1853).

FIGURA 7 – Os cavaleiros voltando do Castelo de Troia
(Ilustração da Bilha de Tagliatella).

Pelo exposto até aqui, podemos compreender como a concepção de mundo da Ásia Menor, puramente matriarcal, passando por um processo de masculinização entre os egípcios, levou à organização social puramente masculina dos gregos (Esparta) e à idealização dessa cultura puramente masculina na criação artística humana. A expressão mais bem acabada desse processo é o mito de Prometeu, o audaz portador do fogo criador de homens, que se atreveu, bem como seus protótipos humanos, os incomparáveis escultores gregos, a dar forma aos homens a partir do barro e a insuflá-los com o fogo da vida.²¹⁹ Esse feito, ao lado da criação da primeira mulher, Pandora, especialmente atribuída a ele, colocam-no no mesmo patamar do Deus do Antigo Testamento; apenas com a diferença de que os gregos, em sua grande necessidade de redenção, o consideravam o amigo e o salvador dos homens, e que seus atos foram punidos pelo pai dos deuses, Zeus, como sacrilégios titânicos. Devemos esperar descobrir em sua punição a mais profunda realização do desejo do inconsciente, que corresponde a seu crime: ser acorrentado a um rochedo – uma tradição posterior falará de uma "crucificação" – uma ave de rapina devora seu fígado ininterruptamente, mas este sempre se regenera durante a noite, eternizando sua tortura – e seu desejo inconsciente. Eis

---

219. Como Bapp já demonstrou (*Roschers Lexikon*), não é, de forma alguma, o "fogo celeste" (raio etc.) que Prometeu rouba, mas sim o fogo da terra (mãe). A esse mito também se relaciona o de Hefesto, o deus da metalurgia que, ele mesmo paralisado (trauma do nascimento por causa de sua queda do céu!), não mais molda os homens a partir da terra suja (barro), e sim do metal nobre e puro. A esse respeito, ver Mc Curdy: Die Allmacht der Gedanken und die Mutterleibsphantasie in den Mythen von Hephästos und einem Roman von Bulwer Lytton [A onipotência dos pensamentos e a fantasia de retorno ao útero materno nos mitos de Hefesto e num romance de Bulwer Lytton]. *Imago*, v. III, 1914.

porque a antiga tradição de Hesíodo não fala de sua libertação, que só mais tarde seria atribuída a Hércules, que representa, ele mesmo, um herói desse gênero, eternamente acorrentado a uma mulher (Ônfale), da qual ele tenta incessantemente libertar-se, mas sempre em vão.[220] O mesmo, porém, faz o artista, na medida em que este, como Prometeu, também cria homens à sua imagem; isto é, ele concebe sua obra nele mesmo, sob as dores femininas da criação, em atos geradores incessantes. Foi assim que o grego, essencialmente artista, que via a mulher apenas enquanto um órgão reprodutor e se entregava ao amor de jovens do sexo masculino, elevou-se, em sua identificação com a mãe, ao patamar de criador de homens, aplicando-se em suas obras de arte e, aos poucos, distanciando-se, com grande relutância, da mãe, como demonstram todos os seres lendários em forma de esfinge. Desse "momento" de uma separação ao mesmo tempo ansiada e não desejada do útero materno animalizado, dessa permanência eterna no ato do nascimento que, a cada instante, faz com que o neurótico reviva toda a angústia da situação primitiva, o artista grego e todo o seu povo encontram o caminho para uma idealização, ao fixarem numa pedra esse instante móvel, que ainda encontra sua expressão assustadora na cabeça da medusa.[221]

Deste modo, a arte grega se tornou a primeira a representar o movimento, que rompeu com a rigidez acanhada das estátuas asiáticas e egípcias,

---

220. Nesse ponto, uma tradição satírica posterior da "mulher-desgraça" (a caixa de Pandora, na qual Preller já havia reconhecido a *cysta mystica*, o símbolo dos genitais femininos) encontra-se relacionada a uma antiga passagem de Hesíodo, segundo a qual Zeus teria permitido a Hefesto criar Pandora com a terra, a fim de punir Prometeu de ter criado o fogo. A narrativa de Hesíodo termina com as seguintes palavras: "E assim Prometeu, aquele que impede as desgraças, não conseguiu escapar da cólera de Zeus e permanece, de tão ardiloso que é, preso ao imponente rochedo". Uma antiga pedra gravada representa Prometeu numa posição análoga à do feto no útero materno, e nos permite vislumbrar de quais correntes femininas se tratam aqui. Essa pedra gravada, uma das chamadas pedras "insulares" do *British Museum*, seria proveniente de Creta e pertenceria a uma forma de arte "que talvez possamos chamar de pelágica" (*apud* Roscher, III/2, 3087).

FIGURA 8 – Prometeu torturado pela águia (Pedra insular no *British Museum*).

221. Aqui também é possível seguir o processo de idealização, desde a garganta assustadora da Górgona até a expressão de resignação dolorosa da Medusa Rondanini, a Madona grega (ver as figuras correspondentes em Roscher, I/2, 1716/17; 1723). Cf. FERENCZI. Zur Symbolik des Medusenhauptes [Sobre o simbolismo da cabeça de medusa]. *Zschr.*, IX, 1, 1923, p. 69) e a observação complementar de Freud: *Die infantile Genitalorganisation* [A organização genital infantil] (*ibid.*, p. 171).

mas que estava condenada a cair, ela mesma, na imoblilidade (Lessing e o problema do Laocoonte). O grego, que também foi o primeiro "esportista", soube exprimir o movimento em sua cultura física, nos jogos, nas lutas, nas danças, e aqui poderemos apenas aludir ao seu significado de paroxismos físicos idealizados (ritmados e estilizados) do inconsciente (crises).[222]

Em vista de tudo o que foi dito, podemos, com grande probabilidade, procurar na "plástica" o início da arte em geral. Mas antes que o homem primitivo, seguindo o exemplo de Prometeu, tentasse reproduzir os homens usando o barro, ele talvez tenha sido tomado por um "instinto" análogo ao que leva à construção de um ninho, imitando plasticamente uma matriz, sob a forma de um recipiente que servisse de abrigo e proteção.[223-224] A tradição da antiga Babilônia, do deus que gira o homem sobre uma roda – como também está representado no templo de Luxor o deus Khnum – aponta na mesma direção. O primeiro "recipiente", como já dissemos em *O mito do nascimento do herói*, é o útero materno, e aquele que primeiro foi reproduzido pelo homem. Logo o recipiente começa um processo inequívoco de desenvolvimento no sentido de representar o seu conteúdo original; isto é, o homem diminuído, a criança, ou sua cabeça (pote). Ele recebe um ventre, orelhas, um bico etc. (ver os potes que têm a forma de cabeça, principalmente entre os primitivos, as urnas que reproduzem rostos e assim por diante).[225] Assim, também essa primeira criação huma-

---

222. Ver a descrição e a história das "danças labirínticas" em Krause. Os jogos circenses romanos, que persistem em nossas corridas de pista, aconteciam entre os corredores de um labirinto fictício.

223. Fuhrmann (*Der Sinn und der Gegenstand, op. cit.*, p. 2 ss) distingue dois tipos de recipientes: os que não eram destinados a receber líquidos tinham a forma do intestino animal, e a partir dos quais desenvolveu-se a cerâmica (por exemplo, na Nova Guiné). "O pote bojudo representa, com uma fidelidade natural, o abdômen humano e pode ser considerado como formado por uma linha sem fim de intestinos dispostos em espiral, cobertos exteriormente de uma pele e contendo um estômago; ou seja, que deveria receber o estoque de comida". Quanto aos vasos destinados a receber líquidos, eles reproduziriam as tetas dos animais e, por extensão, o seio feminino.

224. Em alemão, a palavra "*Beutel*", significa originalmente "marsúpio", a bolsa que se forma na pele de determinados mamíferos (da espécie dos marsupiais, como os cangurus) e, por extensão, um recipiente, como um saco ou uma garrafa. Há analogias em francês e inglês ("*bouttelle*" e "*bottle*", respectivamente). Assim, como observa Rank nessa nota, "uma garrafa é uma teta posicionada sobre uma base, com o mamilo voltado para cima". (N.T.)

225. A ornamentação posterior dos recipientes substitui o conteúdo original, como é especialmente observado na cerâmica peruana (ver em Fuhrmann, *Peru I*, as notáveis figuras de homens e de animais que ornam os vasos bojudos da civilização Chimu: quadros 6 e ss). A ornamentação da famosa bilha de Tagliatella pode ser compreendida como a representação do conteúdo interior, mas aplicada à superfície. Na *Bhagavad Gita* hindu, o corpo é chamado de *Kschetra*; ou seja, vasos, solo fecundo, matriz (*apud* Winterstein, *op. cit.*, p. 193).

na, que vai do recipiente ao seu conteúdo (a criança), reproduz fielmente o desenvolvimento biológico e, quando a arte de fato – numa etapa posterior – liberta, por assim dizer, o homem de seu recipiente, criando, a exemplo de Prometeu, artistas gregos e homens adulto completamente formados, então temos de reconhecer nisso a tendência de evitar o trauma do nascimento e da separação dolorosa.

Estamos aqui diante da verdadeira raiz da arte: nessa reprodução autoplástica[226] do próprio devir e da própria origem do homem a partir do "recipiente" materno. Pois a reprodução desse recipiente poderia também ter fins utilitários, enquanto que a configuração de objetos segundo o próprio corpo significa a introdução, na arte, do elemento característico da aparente ausência de finalidade que, no entanto, não é desprovida de significado. Nesse sentido, a arte se desenvolve, por assim dizer, como um ramo do "artesanato" que ela era em sua origem e, como tal, ela desempenhou um importante papel na cultura material. E seguramente não é por acaso que os gregos, que idealizavam sobretudo os corpos masculinos, atingiram na cerâmica o nível mais elevado de estilização e refinamento do recipiente materno.

Nas reproduções extremamente fiéis de animais da Era do Gelo, estamos diante dos primórdios da pintura. Nesses desenhos feitos nas cavernas, o homem parece ter reproduzido o corpo do animal que lhe aquecia e servia de abrigo. Isso torna compreensível o fato de "alguns animais isolados, ou grupos deles escondidos nas profundezas, nas capelas ou em nichos de difícil acesso, onde só era possível entrar vencendo todo tipo de obstáculos (o que, segundo Pasiega, poderiam colocar em risco a vida dos desavisados) e geralmente apenas rastejando ou ajoelhando" (Schneider, *op. cit.*, p. 5).[227] Essa concepção, além de não contradizer a explicação "mágica" corrente, ainda a tornaria mais compreensível do ponto de vista psicológico (inconsciente): pois tratam-se de animais que aquecem, protegem e alimentam o homem, como um dia o fez a mãe.

Na pintura de épocas posteriores, por exemplo, na arte cristã, toda a vida de Jesus, desde o nascimento até a morte, é representada em imagens para o povo iletrado, de modo que a identificação se torne mais fácil. So-

---

226. Diante da perfeição e da falta de desenvolvimento do naturalismo diluviano, Verworn optou por carcterizá-lo de "fisioplástico" – (*Zur Psychologie der primitiven Kunst* [Sobre a psicologia da arte primitiva], 1908). Já Reinach cunhou uma excelente expressão de duplo sentido: *"Proles sine matre creata, mater sine prole defuncta"* (*apud* Scheltema, *op. cit.*, p. 8).
227. A esse respeito, ver SCHMIDT, R. *Die Kunst der Eiszeit* [A arte da era do gelo], 1922, e KÜHN, Herb. *Die Malerei der Eiszeit* [A pintura da era do gelo], 1922.

mente na pintura italiana é que a Virgem Maria com a criança se torna símbolo da felicidade materna; isto é, da felicidade da criança e da mãe reunidos. E assim o redentor se decompõe nos vários indivíduos divinos, nas crianças. O Cristo crucificado e "ressuscitado" se torna agora uma criança qualquer, junto do seio materno.

As tendências artísticas modernas, com seus inúmeros traços primitivos, seriam assim as últimas ramificações dessa orientação "psicologizante" que representa, de forma consciente, o "interior" do homem – isto é – seu inconsciente, e sobretudo em formas "embrionárias".[228]

Com isso, atingimos a raiz do problema da arte que, em última análise, consiste num problema formal. Como já demonstramos, toda "forma" remete à forma primitiva do recipiente materno que se tornou, em grande medida, um conteúdo artístico e, não obstante, de maneira idealizada e sublimada – e justamente sob o aspecto da forma, uma vez que esta, passível de ser representada e sentida como algo "belo", faz com que a forma primitiva, há tanto tempo recalcada, seja novamente aceita.

Se quisermos compreender como foi possível ao povo grego atingir uma idealização tão significativa do trauma do nascimento, talvez possamos recorrer à sua pré-história. Refiro-me à migração dórica e suas consequências. No início dos tempos primitivos, os dórios expulsaram parte do povo grego de sua terra natal, forçando-o a buscar uma nova pátria nas ilhas iônicas que ficavam do lado oposto e na costa da Ásia Menor. Essa separação violenta do solo natal, no sentido de uma repetição do trauma do nascimento e da violenta separação da mãe, parece ter influenciado de forma decisiva o desenvolvimento posterior da civilização grega. É certo que as epopeias homéricas, em especial a *Ilíada*, representam a primeira reação artística à conclusão dessa grande migração de povos e do povoamento da costa da Ásia Menor pelos colonos gregos. A luta pela fortaleza de Troia e pela eternamente jovem Helena, raptada de sua terra natal, refletem as tentativas desesperadas dos emigrados gregos de se estabelecerem num novo solo, e as lutas entre os deuses narradas por Homero parecem reproduzir a luta do poder de Zeus, estabelecido a duras penas, contra o culto do ídolo materno (Atena) que ainda predominava na Ásia Menor. Espero um dia conseguir demonstrar como é possível reconstruir a história

---

228. Ver BAHR, Hermann. *Expressionismus* [Expressionismo], 1916; PFISTER, Oskar. *Der psychologische und biologische Untergrund des Expressionismus* [O pano de fundo psicológico e biológico do Expressionismo], 1920; e, por fim, PRINZHORN. *Die Bildnerei der Geisteskranken* [A configuração dos doentes mentais]. *Op. cit.*, 1922.

primitiva dos gregos a partir da análise do conteúdo da imaginação épica, a verdade histórica e real de tudo aquilo que foi acrescentado pela elaboração inconsciente. Esse trabalho me foi sugerido há alguns anos pelo Professor Freud que, ao mesmo tempo, incentivou-me a verificar o mecanismo de criação épica nos poemas de Homero, tal como a psicanálise o concebe.[229] Por enquanto, gostaria apenas de destacar aqui que o culto grego de Deméter (Τη-μητηρ = Terra-Mãe), análogo ao culto asiático das deusas-mães, segundo Heróroto, já exisitia no Peloponeso muito antes da invasão dórica. Isso vem sustentar nossa hipótese de que a população expulsa pelos invasores dórios seria muito fixada à Terra-Mãe, enquanto que, por outro lado, isso pode indicar que, para reagir a essa ligação muito forte com a mãe, os dórios tenham buscado refúgio no amor por rapazes. A figura de Hércules que, segundo Willamowitz, é a imagem fiel da civilização heroica criada pela nobreza dos dórios do Peloponeso, teria sido preservada dessa separação da mãe por meio de um processo de "heroicização". Hércules também aparece na tradição pré-homérica como conquistador de Troia.

A representação homérica nos oferece um bom exemplo da maneira pela qual o poeta, em suas tentativas de evocação dos eventos históricos difíceis, se perde entre os próprios fantasmas de seus desejos inconscientes. Enquanto a *Ilíada* apenas descreve as batalhas malogradas em torno de Troia, a *Odisseia* traz o relato retrospectivo da conclusão gloriosa desses dez anos de lutas. O astuto herói permite que a luta chegue a seu termo na famosa história do cavalo de madeira, dentro do qual os heróis aqueus se esconderam, a fim de conseguirem penetrar na fortaleza troiana. Essa tradição, de uma profundidade a um só tempo humana e poética, mostra com toda clareza que, para os que foram violentamente expulsos do solo natal,[230] tratava-se de reenontrar, no solo estrangeiro, o ideal

---

229. Ver meus estudos preliminares sobre esse tema (*Imago*, v. V, 1917-1919): *Psychologische Beiträge zur Entstehung des Volksepos* [Contribuições da psicologia para a origem da epopeia popular]: *I. Homer (Das Problem)* [O Problema]; *II. Die dichterische Phantasiebildung* [A formação da fantasia na literatura]. (Ver *ibid.*, p. 137, nota, um esboço do plano da obra que ainda não passou da fase inicial.)

230. O mesmo vale para a expulsão dos israelitas do Egito, o mais importante evento "traumático" de sua história, que exerceu uma influência decisiva sobre todo o destino ulterior deste povo e que corresponde ao trauma primitivo representado pela expulsão do paraíso. Desde então, os judeus buscam por essa pátria louvada, onde correm rios de leite e mel, sem conseguir encontrá-la (Ahasveros). A propósito, a expulsão do paraíso, que aconteceu porque Adão e Eva provaram do fruto proibido (seio materno), reflete a necessidade rigorosa do trauma do desmame, o qual o homem procura compensar através da adaptação à realidade, da aquisição de alimentos artificiais a partir da terra (agricultura).

materno (Helena[231]) eternamente jovem e belo, e sob a forma, acessível ao inconsciente, do retorno ao seio materno: refúgio e abrigo que seriam indignos de heróis destemidos, caso não soubéssemos que sua natureza heroica é devida justamente à dificuldade do trauma do nascimento e à compensação da angústia. Deste modo, o cavalo de Troia é o correspondente inconsciente e direto dos centauros e das esfinges do país natal, e sua criação inaugurou e, mais tarde, acompanhou o grandioso processo de libertação da mãe. Mas a Troia mesma, a indomável, no interior da qual só é possível penetrar através de um artifício, é, como toda fortaleza, um símbolo da mãe;[232] assim, explica-se também porque tantos estudiosos dos mitos lhe atribuem um significado "subterrâneo", bem como seu parentesco próximo com os labirintos nórdicos e cretenses – e que é assegurado por Ernst Krause (Carus Sterne), em um livro muito inventivo mas que, no entanto, peca pelo ponto de vista exclusivamente histórico e mitológico.[233]

A astúcia proverbial de Ulisses que, a propósito, é própria de todos os personagens da mitologa grega que tomam "de assalto" o céu e que lhe rendem a viagem ao Tártaro e as punições do inferno, lançam uma luz singular sobre a psicologia do poeta.[234] Ulisses, enquanto narrador de todas essas lendas que, no fundo, falam de um retorno ao útero materno, surge muito clarmente como o representante e o pai primitivo do poeta épico, cuja função parece ser negar o trauma primitivo através de um exagero mentiroso para, com isso, manter a ilusão de uma realidade primitiva por trás de um produto primitivo da imaginação. Mesmo os representantes mais modernos desse gênero, como o célebre Barão de Münchhausen, procuram representar as coisas mais impossíveis do mundo como se fossem as mais fáceis – em contradição direta com a natureza como, por exemplo, sair da água puxando os próprios cabelos, de modo

---

231. É conhecida a narrativa do roubo da estátua protetora de Atena por Ulisses e Diomedes, um pouco antes da tomada da cidade. Eles a teriam tirado de um santuário localizado abaixo da *cella* da deusa, depois de passarem por canais e poços subterrâneos

232. Ver meu artigo: "Um Städte werben" [Disputando cidades]. *Zschr.*, I, 1913.

233. *Die Trojaburgen Nordeuropas. Ihr Zusammenhang mit der indogermanischen Trojasage von der entführten und gefangenen Sonnenfrau, den Trojaspielen, Schwert- und Labyrinthtänzen.* [Os burgos troianos da Europa do Norte. Sua relação com a lenda de Troia da mulher solar sequestrada e aprisionada, os jogos troianos, as danças da espada e do labirinto], texto contendo 26 ilustrações. Glogau, 1893.

234. Tratei da relação psicológica entre o poeta e o herói em meu estudo "Die Don Juan-Gestalt" [A figura de Don Juan]. *Imago*, v. VIII, p. 193, 1922.

que justamente a impossibilidade da situação representa o elemento mais tranquilizador e satisfatório para o inconsciente.²³⁵

Como contraponto a esse astuto driblador de todas as leis humanas e divinas e que, no entanto, consegue de alguma forma satisfazer esse desejo eternamente irrealizável, aparece nas narrativas e lendas a figura do típico "tolo" que, de forma notável, cumpre as tarefas mais impossíveis sem a menor dificuldade. Sua "tolice", porém, nada mais é que expressão de sua infantilidade; ele também é um *infans*, tão inexperiente como o deus recém-nascido Hórus, que é representado com o dedo na boca. Quanto mais tolo; ou seja, quanto mais infantil, mais bem-sucedido ele é na realização do desejo primitivo e, como ele tem apenas o tamanho de um embrião, como o Pequeno Polegar do famoso conto, vai se tornando cada vez mais poderoso, até atingir o estado ideal, com o qual tanto sonha o neurótico,²³⁶ e que os heróis míticos recém-nascidos parecem incorporar: em sua pequenez, ele goza de todas as vantagens do adulto.²³⁷

Por outro lado, a tragédia, que também deve aos gregos seu mais belo florescimento e que, segundo Nietzsche, sucumbiu ao "socraticismo estético" ou seja, à hipertrofia da consciência, nasceu de representações mímicas dos atos que acompanhavam os cultos míticos, e simboliza um quadro concreto dos sofrimentos do herói mítico e das penas que lhe são infligidas pela sua culpa trágica.²³⁸ A análise da tradição mítica nos revelou o significado inconsciente desta, e o fato de que a origem da tragédia sejam as danças e os cantos dos sacrificadores cobertos com peles de bode, mostram claramente do que se trata. A pele em que se envolve o participante depois do

---

235. O elemento que contradiz a natureza quase sempre surge relacionado com a impossibilidade de realizar a situação intrauterina e à sua representação. É assim que, em *Macbeth*, a ameaça que "ele caírá, se a floresta de Birnam avançar sobre ele" (em vez de: "se ele entrar na floresta"). Essa advertência corresponde a uma outra: a de que apenas uma criatura que ainda não nasceu – isto é, Macduff saído do útero de sua mãe, poderia vencê-lo (ver também a cabeça da criança ainda não nascida que aparece para Macbeth e, ainda, a cabeça coberta de sangue). A partir desse ângulo, que, para Freud, repousa sobre o tema da esterilidade, muitos aspectos enigmáticos ficam mais compreensíveis. Cf. as observações de Freud sobre "O estranho" (*Imago*, v. V, 1917-1919) que, na poesia, também corresponde, em última análise, à situação intrauterina.

236. Um dos pacientes de Freud (*Interpretação dos sonhos*) se arrependia de não ter sabido explorar melhor a situação de ser amamentado quando estava junto ao seio de sua ama de leite.

237. Ferenczi foi quem primeiro chamou a atenção para esse "sonho do lactante sabido" (*Zschr.*, X, p. 70).

238. Ver também Winterstein: Zur Entstehungsgeschichte der griechischen Tragödie [Sobre a história da origem da tragédia]. *Imago*, v. VIII, 1922).

sacrifício e do esvaziamento do animal, representa, mais uma vez, o útero protetor da mãe; essa realização parcial do retorno encontrou igualmente uma expressão imagética e durável nos inúmeros faunos e sátiros, com patas e cabeça de bode, presentes na mitologia e na arte gregas.[239] É assim que, nesse gênero artístico que é a tragédia e que, como a dança, tem como objeto o homem vivo, o caráter angustiante e punitivo do desejo primitivo recalcado permanece vivo enquanto culpa trágica. A tragédia desenvolve o quadro da culpa trágica, à qual cada um dos espectadores mortais opõe a cada instante uma reação que carrega uma descarga psíquica (catarse), enquanto que a poesia épica só consegue superar o desejo primitivo com a ajuda de narrativas e de outras invenções mentirosas. A idealização máxima do trauma do nascimento atingida pela plástica rígida, na tragédia que visa despertar a compaixão, decompõe-se novamente no material primeiro do sentimento de angústia que desperta a catarse, enquanto que, na poesia épica e satírica, a idealização levada ao excesso atinge a catarse pela via da mentira e da bazófia (o cínico Diógenes e seu barril).

Eis como a arte, ao mesmo tempo representação e negação da realidade, se aproxima do jogo infantil que, como já sabemos, visa rebaixar o valor e a importância do trauma primitivo, tratando-o em sua consciência como algo desprovido de seriedade. Isso também nos permite compreender o humor, o mais alto grau de superação do recalcamento através de uma atitude particular do eu em relação ao próprio inconsciente. Infelizmente, não é possível nos determos na gênese dessa manifestação, já que isso nos conduziria para muito além das análises de neuroses e de seus tratamentos com base na psicologia do eu.

---

239. Num profundo estudo psicanalítico, "Panik und Pan-Komplex" (*Imago*, v. VI, 1920), Dr. B. Felszeghy, baseando-se nas pesquisas de Ferenczi sobre o desenvolvimento do sentido da realidade, associa a palavra "pânico" à repetição da angústia do nascimento, o que lhe permite explicar, de modo bastante satisfatório, a singular figura mítica de Pan. Muitos dos pontos de vista aos quais chegamos no presente trabalho, ainda que por um caminho diverso, já se encontram formulados na pesquisa de Ferenczi.

IX

A ESPECULAÇÃO FILOSÓFICA

A filosofia grega, que de fato é a primeira digna deste nome – ainda que Aristóteles tivesse razão em designar seus precursores como parentes próximos de Filomito – demonstra, em seu início, com os filósofos da natureza jônicos que mais tarde iriam se associar à física, a correspondente ingênua dessa tendência de idealização elevada ao nível máximo de tensão, como já observamos na arte e na mitologia gregas. Esses primeiros pensadores ocidentais, de Tales a Sócrates, parecem realizar uma transição da visão de mundo cósmica do Antigo Oriente para nossa perspectiva científica, e representam os precursores da vida espiritual da Europa Ocidental moderna.

Enquanto que a visão de mundo oriental, numa grandiosa projeção cósmica, procurava deduzir o destino da Terra da imagem cósmica do céu,[240] os pensadores jônicos, numa visão ingênua, realizaram a separação dessas esferas e tentaram, no retorno à mãe primitiva (natureza), conceber a vida terrena como liberta de influências sobrenaturais. Já demonstramos, no capítulo anterior, que isso só foi possível porque os gregos baniram toda a mitologia celeste oriental, no verdadeiro sentido da palavra, para o mundo subterrâneo. Ao limparem o ar da poeira cósmica, eles passaram a ter condições de ver e de conceber, de forma ingênua, as verdadeiras leis da natureza, justamente no ponto em que a visão de mundo oriental acreditava haver apenas princípios ou leis celestes que influíam sobre a terra.

Sabemos que a filosofia grega começa com a afirmação de Tales de que a água é a origem e a fonte de todas as coisas.[241] Antes de seguirmos com

---

240. Os babilônicos consideravam a astrologia como paralela à ciência dos arúspices terrenos. A vítima e suas vísceras eram projetadas para o céu (ver meu trabalho *Mikrokosmos und Makrokosmos*).

241. Cf. NINCK, Martin. *Die Bedeutung des Wassers im Kult und Leben der Alten* [O significado da água no culto e na vida dos antigos]. Estudo sobre a história do simbolismo. *Philologus*, Supl., Leipzig, v. XIV, 2, 1921.

o desenvolvimento do pensamento grego a partir dessa fórmula lapidar,[242] é preciso que não nos esqueçamos de que, com isso, a primeira concepção da origem individual do homem passa a ser considerada uma lei geral da natureza. O mecanismo que leva a esse conhecimento e que, para o devir biológico é absolutamente exato,[243] distingue-se da projeção cósmica e mística das águas celestes (Via Láctea) e dos rios suberrâneos (que transportam os mortos) pelo fato de se tratar de uma verdadeira descoberta,[244] do descortinar ou, seria melhor dizer, da supressão de um recalcamento que, até aqui, havia nos impedido de reconhecer a água como a origem de toda vida, precisamente porque nós mesmo saímos de um líquido vital (amniótico). A condição da descoberta de uma verdade é, desta forma, uma atitude agnóstica em relação ao inconsciente adotada no mundo exterior pela supressão de um recalcamento interno que, como mostra claramente o desenvolvimento da filosofia, deriva do recalcamento primitivo.

Já se observa uma reação em Anaximandro de Mileto, sucessor de Tales e o primeiro escritor filosófico da Antiguidade, quando este afirma: "As coisas, segundo uma necessidade, devem perecer no mesmo ponto em que elas têm sua origem; pois elas devem ser expiadas e julgadas pelas injustiças, conforme a ordem do tempo". Nietzsche interpreta com toda razão essa sentença oracular como sendo a primeira nota pessimista da filosofia, e a compara a uma expressão de Schopenhauer, o pessimista clássico que definiu assim toda sua atitude em relação à vida e à morte: "O verdadeiro critério para o julgamento de cada homem é o de que ele é, de fato, um ser que não deveria existir, mas que expiaria sua existência por sofrimentos vários e pela morte. O que podemos esperar de um ser assim? Não somos todos pecadores condenados à morte? Expiamos nosso nascimento, primeiro pela vida, depois pela morte." A sentença de Anaximandro completa assim a de Tales, ao acentuar o retorno a toda origem e descobrindo, a partir da intuição psicológica, uma segunda lei natural que seria adotada por nosso pensamento científico de uma forma ligeiramente modificada.[245]

---

242. Segundo Nietzsche: *Die Philosophie im tragischen Zeitalter der Griechen* [A filosofia na era trágica dos gregos], 1873. Todas as citações que se seguem são deste volume.
243. A esse respeito, ver o paralelo filogênico do desenvolvimento do indivíduo de Ferenczi (*Versuch einer Genitaltheorie* [Ensaio sobre uma teoria genital], *op. cit.*, 1924).
244. Separado também no original: *ent-decken*. (N.T.)
245. Quem sabe se essa "tirada" antropomórfica de Nietzsche: "Toda matéria inorgânica surge da orgânica, ela é matéria orgânica morta, cadáver e homem", não irá um dia revalorizar nossas ciências da Natureza? S. Radó tentou demonstrar recentemente o quanto há de determinismo

Ao demonstrar como o pensador grego, partindo da transitoriedade de tudo o que é terreno, o qual postula a adoção necessária de um "indefinido", de um ser primevo, que é o regaço materno de todas as coisas, Nietzsche consegue inaugurar uma visão que, partindo dessa concepção, nos conduz pela "ideia" platônica até chegar a uma "coisa em si" kantiana, na qual Schopenhauer, mais uma vez, reconheceu a "vontade" ainda revestida da filosofia da natureza. Desse conflito entre origem e perecimento, que deriva diretamente do recalcamento do trauma primitivo, Heráclito procurou salvar-se, através de sua lei do eterno devir, ao reconhecer, conforme o recalcamento primitivo, "o verdadeiro curso de cada devir e de cada perecimento, que ele concebia sob a forma de uma polaridade, como a decomposição de uma força em duas atividades qualitativamente diversas, opostas e que anseiam por uma nova união". Tratando-se aqui de uma intuição de ambivalência primordial relacionada ao ato do devir, então os substratos qualitativos desses estados também estão presentes. Se Anaximandro continuou desenvolvendo a teoria da água (fria), permitindo que esta resulte do "quente" e do "úmido" como suas fases preliminares, o "físico" Heráclito interpreta esse "quente" anaximandriano como sendo "o sopro, a respiração quente, os vapores secos; enfim, tudo o que remete ao fogo; desse fogo, ele afirma o mesmo que Tales e Anaximandro afirmaram a respeito da água, que esta teria sofrido inúmeras transformações em todo o curso de seu devir, sobretudo nos três estados principais: o quente, o úmido e o sólido". Deste modo, ele descobre a circulação atmosférica com sua periodicidade, que ele, entretanto, diferentemente de Anaximandro, concebe de modo que o declínio ou perecimento é constantemente renovado pelo incêndio cósmico que tudo aniquila, e é caracterizado como "um desejo e uma necessidade", "a completa destruição pelo fogo enquanto saciedade". Com esse reconhecimento do retorno prazeroso ao nada, que parece transformar novamente o devir num problema insolúvel, a concepção ingênua e

---

insconsciente nas ciências exatas (Die Wege der Naturforschung im Lichte der Psychoanalyse [Os caminhos da pesquisa da natureza à luz da psicanálise]. *Imago*, v. VIII, 1922). Em relação à fase preliminar da química, a alquimia, Jung já estabeleceu uma fórmula de grande alcance, de que esta pretenderia, em última análise, conceber crianças sem a participação das mães. Ver a esse respeito SILBERER, H. Der Homunkulus [O homúnculo]. *Imago*, v. III, 1914; e *Probleme der Mystik und ihrer Symbolik* [Questões do misticismo e seu simbolismo], 1914. Sobre a química moderna, ver o interessante trabalho do Dr. Alfred Robitsek: Symbolisches Denkes in der chemischen Forschung [Pensamento simbólico na pesquisa química]. *Imago*, v. I, 1912. A propósito, é significativo do ponto de vista psicológico, que Justus Liebig, o primeiro adversário da alquimia e primeiro representante da química científica, inventou o fertilizante químico e o extrato de carne, realizando assim, de forma simbólica, a quimera dos alquimistas.

libertada do recalcamento volta a sofrer a influência de uma nova onda de recalcamento, desencadeada pela especulação. Enquanto Heráclito podia afirmar, com toda razão: "eu procurava e pesquisava a mim mesmo", seu sucessor Parmênides iniciou a nova orientação que se afastava das realidades vistas de muito perto, para se aproximar das abstrações lógicas do "ente" e do "não-ente" que ele havia deduzido primitivamente dos fatos humanamente reais do ser e do não-ser e que, em sua transposição antropomórfica para o universo, sofreram uma expansão que ainda pode ser percebida em algumas formações linguísticas: "pois, no fundo, [em grego] *esse* significa nada mais que 'respirar'" (Nietzsche). Pela dedução lógica, Parmênides consegue formular a primeira crítica do aparelho do conhecimento que, segundo ele, só nos permitira ver as aparências e, com isso, inaugurou a separação filosófica entre "espírito" e "corpo" que ainda persiste em nosso pensamento científico. Pela primeira vez, buscou-se fundamentar a concepção idealista do mundo que, em Platão, e ainda de forma mais nítida em seus precursores hindus, derivava de uma imersão mística no estado primitivo.

Um passo além, tanto no âmbito das ciências da natureza quanto da teoria do conhecimento, foi dado por Anaxágoras, quando este negou a possibilidade de que toda a multiplicidade das coisas pudesse ser deduzida de um único elemento primordial, o seio do devir. Segundo ele, há desde o princípio, substâncias que criam o colorido e a diversidade do universo. "Partindo da sucessão incontestável de nossas representações e, contrariando Parmênides, Anaxágoras provou que o movimento é uma verdade e não uma aparência". No entanto, para explicar novamente o movimento das representações, ele admitiu a existência de um "espírito em si", um *Nous*,[246] um primeiro momento de um movimento num tempo primitivo, como sendo o gérmen de tudo aquilo que chamamos devir; ou seja, de toda mudança. E assim ele consegue finalmente, com um desvio pela dedução lógica, retornar àquele estado primordial, agora célebre, ao caos no qual o *Nous* ainda não exerceu sua influência sobre as matérias que, por sua vez, ainda estavam imóveis, no estado híbrido e bem-aventurado que Anaxágoras designava como "semente de todas as coisas". O modo pelo qual esse pensador concebe a formação do *cosmos* a partir desse caos movido pelo círculo do *Nous*, apesar das comparações imagéticas primitivas com a concepção humana, repousa sobre as leis da mecânica, tais como essas seriam

---

246. Em grego: faculdade de pensar, inteligência. (N.T.)

formuladas por Kant, dois séculos mais tarde e com todo entusiasmo, em sua *História natural do céu*.

Deste modo, os primeiros pensadores gregos não conseguiram se desvencilhar do problema primordial do devir, da questão da origem das coisas; mas, ao mesmo tempo, distanciam-se cada vez mais, e por vias diferentes, pelas quais seguirão os filósofos posteriores, do verdadeiro problema por trás do recalcamento primitivo: o da origem do homem. Somente ao gênio de Platão estava reservado, em sua teoria do *Eros*, reverter o problema para descobrir, no domínio da filosofia, o homem como medida de todas as coisas – como o fez, quase que ao mesmo tempo, a arte grega. A teoria platônica do *Eros*, sobre a qual a psicanálise já se debruçou várias vezes,[247] coloca o instinto de procriação humano como o ponto central da explicação do universo ao mostrar, nos diferentes estágios do *Eros*, as atitudes sensível, psíquica, filosófica e religiosa (mística). Aqui, atinge-se pela primeira vez a raiz do problema filosófico, e não deve nos surpreender o fato de Platão, para ilustrar sua teoria, recorrer a imagens muito próximas de fatos psicológicos. Ele concebe o *Eros* como a nostalgia de um estado perdido ou, mais exatamente, de uma unidade perdida. Ele também explica a natureza do instinto sexual por meio do famoso símile do ser primitivo partido em duas metades e ansiando por uma reunião. Essa é a alusão mais claramente consciente ao desejo da criança de uma nova união com a mãe e que, antes de Platão, jamais tinha sido atingida na história do espírito humano, e que já poderia ser relacionada à teoria freudiana da libido.[248] Platão, apoiando-se na religião orfico-dionisíaca, chega ao conhecimento quase biológico de que o *Eros* seria a dor pela qual o demônio, que teria sido precipitado no nascimento por sua própria culpa misteriosa, recuperaria o paraíso perdido de seu ser puro e verdadeiro.[249]

Contudo, quando Platão, por intermédio de uma intuição extraordinariamente intensa, sente em si mesmo essa nostalgia e consegue descrevê-la, ele a projeta, num implacável recalcamento primitivo, para o mundo exte-

---

247. Especialmente profunda é a pesquisa de Winterstein: Psychoanalytische Anmerkungen zur Geschichte der Philosophie [Observações psicológicas sobre a história da filosofia]. *Imago*, v. II, 1913. Ver também Nachmannsohn: Freuds Libidotheorie verglichen mit der Eroslehre Platons [A teoria da libido de Freud comparada à doutrina do eros de Platão] (*Zschr.*, III, 1915) e Pfister: Plato als Vorläufer der Psychoanalyse [Platão como precursor da Psicanálise]. (*Imago*, v. VII, 1921).

248. FREUD, S. *Jenseits des Lustprinzips* [Além do princípio do prazer], 1921.

249. "A expressão 'precipitado no nascimento' encontra-se não apenas no orfismo, mas também no budismo" (Winterstein, *op. cit.*, p. 184).

rior como um todo, descobrindo com isso, em todas as coisas, a aspiração ao suprassensível, a necessidade de perfeição, o desejo de uma fusão com a imagem primitiva da "ideia". Essa concepção está muito próxima psicologicamente da que postula a origem a partir de um único ser primitivo. Como seu significado inconsciente é bastante claro, não precisamos prová-la comparando-a com representações primitivas de outros povos.[250] O idealismo platônico que vem à tona nessa concepção, a ruptura com o mundo sensível com a qual Platão teve de pagar por voltar-se para o mundo interior, encontra uma expressão promissora – e que lança uma luz na fonte subjetiva das ideias do filósofo – na conhecida comparação entre a existência humana e a situação dos homens que vivem acorrentados no interior de uma caverna e que veem em suas paredes apenas as sombras do que se passa na realidade externa. A alegoria da caverna não se restringe, como na hipótese de Winterstein (*op. cit.*), a uma "fantasia intrauterina", mas também permite olhar com profundidade o espírito do filósofo que concebeu o *Eros* que impulsiona todas as coisas como o desejo nostálgico de um retorno ao estado primitivo e que, ao mesmo tempo, criou em sua teoria das ideias a expressão da mais elevada sublimação filosófica.[251]

Se o conhecimento filosófico do homem atingiu seu ápice com Platão, então ainda nos resta esclarecer o que levou os pensadores dos dois séculos seguintes a se desviarem dessa síntese grandiosa e dessa idealização que formam uma evolução ingênua da filosofia da natureza do primeiro helenismo para tomarem os caminhos tortuosos do recalcamento e do deslocamento. Platão se aproximou tanto do conhecimento primevo que se tornou inevitável uma forte reação, cujo portador será seu discípulo e sucessor imediato, Aristóteles. Afastando-se do trauma primitivo, enfim formulado filosoficamente, Aristóteles conseguiu conquistar, para as ciências da natureza, um novo fragmento de realidade, com o qual ele veio a se tornar o pai das ciências naturais e do espírito. Mas, para isso, ele teve que novamente desviar o olhar da realidade interior e, no deslocamento neurótico-obsessivo da libido primitiva recalcada para os processos intelectuais, levou a especulação lógico-dialética a um ponto culminante, que nutriu todo o pensamento filosófico ocidental até Schopenhauer, que foi o

---

250. Winterstein, *op. cit.*, p. 193.

251. O complemento filogenético dessa concepção, segundo Nietzsche, é a ideia de transmigração da alma (metempsicose) de Pitágoras, que responde à pergunta sobre como podemos conhecer algo acerca das ideias: através da lembrança de existências anteriores; ou seja, biologicamente falando, pela lembrança de nosso estado embrionário.

primeiro a recorrer à sabedoria primitiva hindu e à representação filosófica que esta havia recebido de Platão. Iríamos muito longe se mencionássemos aqui, ainda que brevemente, a evolução do pensamento aristotélico, cuja influência extraordinária sobre toda a vida espiritual da Europa se explica justamente pelo fato de que este, à medida em que penetrava cada vez mais na especulação escolástica, parecia distanciar-se de tudo o que é recalcado. Digo "parecia" porque, mesmo os ímpetos lógicos mais abstratos dos aristotélicos revelam tantos traços nítidos de recalcamento primitivo,[252] que somente a partir deles já conseguiríamos compreender essa especulação ininterrupta. Por outro lado, a orientação espiritual, geralmente introvertida, do lógico especulativo e do místico que, do ponto de vista psicológico, lhe são muito próximos, revelam que ele, tomando distância, pelo pensamento, das lembranças recalcadas, aproxima-se cada vez mais, em toda sua atitude psíquica, da situação primitiva, caracterizada pela imersão e pela absorção, e de onde ele procura subtrair o conteúdo de seu pensamento.

O misticismo filosófico representa, assim, a continuação direta da mística religiosa, a imersão no próprio interior. A única diferença é que agora o Deus que eles procuram absorver em seu íntimo atende pelo nome de conhecimento. O objetivo, porém, é o mesmo: a *unio mystica*, a união com o todo. O fato dessa experiência mística ter uma forte coloração sexual, e que a união com Deus seja encarada e sentida sob o aspecto de uma união sexual (conhecer = copular),[253] demonstra que esse anseio nostálgico de retorno a um estado primitivo tem uma base libidinal: "assim como aquele que está envolvido por uma mulher amada não tem consciência do que é dentro ou fora, também o espírito, absorvido no eu primordial, não tem consciência do que é interior ou exterior", dizem os *Upanischads*. Já Plotino

---

252. Num trabalho de E. Roeder que chegou à redação da *Imago*, quando da conclusão deste livro (*Das Ding an sich. Analytische Versuche an Aristoteles' Analytik* [A coisa em si. Ensaios analíticos baseados na analítica de Aristóteles] é mostrado de forma penetrante que toda concepção aristotélica (geométrica) do espaço pode ser deduzida da representação dessa "coisa em si" que é o embrião dentro do útero materno.

253. Ver Pfister: *Hysterie und Mystik bei Margareta Ebner (1291-1351)* [Histeria e misticismo em Margareta Ebner (1291-1351)], 1910. Do mesmo autor: *Die Frömmigkeit des Grafen Ludwig von Zinzendorf. Ein psychoanalytischer Beitrag zur Kenntnis der religiösen Sublimierungsprozesse und zur Erklärung des Pietismus* [A devoção do conde Ludwig von Zinzendorf. Uma contribuição psicanalítica para o conhecimento dos processos de sublimação religiosa e para a explicação do pietismo], 1910. E ainda: A. Kielholz, *Jakob Böhme. Ein pathographischer Beitrag zur Psychologie der Mystik* [J. Böhme. Uma contribuição patográfica à psicologia do misticismo], 1919; e Hahn, *Die Probleme der Hysterie und die Offenbarungen der Heiligen Therese* [Os problemas da histeria e as revelações de Santa Tereza], 1906.

afirma, a respeito do êxtase místico: "não há mais um entre-lugar, não são mais dois, e sim dois que se tornam um, eles não podem mais ser separados enquanto o outro estiver ali. Essa união é imitada nesse mundo pelos amantes que querem se fundir num único ser.[254] Como já mostra a *tat twan asi* (isto é tu mesmo) hindu, trata-se de uma supressão das fronteiras entre o eu e o não-eu e que buscamos alcançar na prece pela fusão com Deus (vale lembrar aqui os versos de Matilde de Magdeburgo: 'Estou em ti e tu estás em mim' *apud* Heiler, *Das Gebet*). E um místico islâmico grita durante um estado extático de felicidade: 'Entre nós, o eu e o tu deixaram de existir, eu não sou eu, tu não és tu, também não és eu sou ao mesmo tempo eu e tu, tu és ao mesmo tempo tu e eu. Não sei mais se tu és eu ou se eu sou tu'" (*op. cit.*).

Como vemos, os neoplatônicos e seus sucessores conseguiram realizar, em larga escala, o anseio formulado poeticamente na teoria do Eros de seu mestre, de uma fusão com suas origens, e isso graças à elaboração filosófica. Como reação contra esse movimeto, surge a filosofia moderna que, de forma muito semelhante à grega, adotou a descoberta do homem como parte da natureza como ponto de partida, e procurou negar sua separação dela e desconsiderá-la. Isso começa numa fase de desenvolvimento psíquico bastante elevado, com a descoberta, por Descartes, do eu como sendo algo diferente do *não-eu*, para finalmente culminar na genial ampliação do *eu* pelo sistema kantiano, enquanto que os sistemas caracterizados pela hipertrofia do *eu*, como o de Fichte, correspondem à projeção mitológica do *eu* no mundo exterior. Mas também Kant só conseguiu reconhecer o caráter apriorístico das representações de tempo e espaço como categorias inatas e concebê-las gnosiologicamente, relacionando-as diretamente ao estado intrauterino e oferecendo uma satisfação direta das tendências transcendentais de seu inconsciente, por um lado, na grande compensação de seu conhecimento das leis cósmicas e, por outro, em sua excentricidade patológica. A "coisa-em-si", para ele o único elemento transcendental e, portanto, inexplicável, teve de necessariamente escapá-lo. Não apenas uma conclusão a partir da evolução da filosofia evidencia que essa coisa-em-si é idêntica

---

254. O próprio Plotino sofria de arrebatamentos extático-visionários, como os descritos nas *Enéades* (IV, 8, 1). Essa libertação da alma das pressões das necessidades do destino e das reencarnações também eram pregadas pelos teurgos, magos e gnósticos. Os verdadeiros teurgos, como os neoplatônicos, obtinham essa libertação pela imersão na meditação sobre as coisas últimas, e também pela preparação corporal, como jejuns purificadores e mortificações de todo tipo (ver HOPFNER, Th. *Über die Geheimlehren von Jamblichus* [Sobre as doutrinas secretas de Iamblichus]. *Quellenschriften der griechischen Mystik* [Primeiros escritos sobre a mística grega] I. Leipzig, 1922).

a essa base primordial, misteriosa e fortemente recalcada de nosso ser – o seio materno –, mas também a determinação filosófica posterior desse conceito pela "vontade" de Schopenhauer que, com isso, livrou a coisa-em-si de seu feitiço transcendental para humanizá-la novamente, transpondo-a para nosso eu interior, onde então Nietzsche acreditou ver nela a vontade egoísta de poder, enquanto que a psicanálise, seguindo pela via do "autoconhecimento" recém-descoberta por ela, tornou psicologicamente compreensível que essa "vontade" era a libido primordial atuando inconscientemente.

Esse "conhece a ti mesmo", que a psicanálise foi a primeira a levar realmente a sério, nos remete a Sócrates, que transformou essa ordem do oráculo de Delfos em sua própria doutrina. Ainda não falamos desse predecessor imediato de Platão, sem o qual seria este mesmo impensável, bem como todo o desenvolvimento ulterior da filosofia, também do ponto de vista psicológico. Pois, diante da imagem de Sócrates, consciente e destemido, caminhando para a morte, seu discípulo e favorito Platão, como diz Nietzsche, jogou-se ao chão "com toda a entrega ardente de sua alma de sonhador" e dedicou sua vida a cuidar e conservar a lembrança de seu mestre. Mas somente a doutrina de Sócrates revela o substrato concreto do trauma primitivo, ao qual seu discípulo Platão e o sucessor deste, Aristóteles, reagiram de forma tão significativa. Com o surgimento de Aristóteles, que ocupa um lugar especial na linhagem de filósofos anteriores e posteriores a ele, entra em cena no pensamento grego uma orientação decisiva para o interior, que recebe de Platão sua configuração filosófica e que, externamente, é caracterizada pelo fato de que Sócrates, como relata Xenofonte em seus *Memoráveis*, desconsiderava a reflexão sobre a origem do mundo e, com isso, as questões relacionadas a ela.

Para compreendermos melhor a importância de Sócrates, a quem Nietzsche considera "o ponto de virada e o eixo central da chamada história universal", precisamos retomar a análise de uma penetração incomparável que o filósofo alemão faz na *Origem da tragédia*, desse seu arqui-inimigo: "'Apenas por instinto': por essa expressão tocamos no coração e no ponto central da tendência socrática... A partir desse único ponto julgou Sócrates que devia corrigir a existência: ele, só ele, entra com ar de menosprezo e de superioridade como precursor de uma cultura, arte e moral totalmente distintas, em um mundo tal... Eis a extraordinária perplexidade que cada vez se apodera de nós em face de Sócrates, que nos incita sempre de novo a reconhecer o sentido e o propósito desse fenômeno, o mais problemático da Antiguidade. Quem é esse que ousa, ele só, negar o ser grego...?

[...] Uma chave para o caráter de Sócrates nos é oferecido naquele maravilhoso fenômeno que é designado como o "*daimon* de Sócrates". Em situações especiais, quando sua descomunal inteligência começava a vacilar, conseguia ele um firme apoio, graças a uma voz divina que se manifestava em tais momentos. Essa voz, quando vem, vem sempre *dissuade*. A sabedoria instintiva mostra-se, nessa natureza tão inteiramente anormal, apenas para contrapor-se aqui e ali ao conhecer consciente, obstando-o. Enquanto que em todas as pessoas produtivas o instinto é justamente a força afirmativa-criativa, e a consciência se conduz de maneira crítica e dissuasora, em Sócrates é o instinto que se converte em crítico, a consciência em criador – uma verdadeira monstruosidade *per defectum*!".[255]

A esse diagnóstico, Nietzsche acrescenta, vinte anos depois, uma análise implacável do homem Sócrates,[256] que não se detém apenas em seu caráter "demasiado humano", mas que também acrescenta: "Por sua origem, ele pertencia ao povo mais baixo: Sócrates era plebe. Sabe-se, pode-se ainda ver, como ele era feio. Mas a feiura, em si uma objeção, para os gregos é quase uma refutação. Era Sócrates realmente um grego? Com bastante frequência, a feiura é expressão de um desenvolvimento cruzado, *inibido* pelo cruzamento. Em outro caso aparece como evolução descendente. Os antropólogos entre os criminalistas dizem que o criminoso típico é feio: *monstrum in fronte, monstrum in animo* [monstro na face, monstro na alma]. [...] Não apenas a anarquia e o desregramento confesso dos instintos apontam para a *décadence* em Sócrates: também a superfetação do lógico e a *malvadez de raquítico* que é a sua marca. Também não nos esqueçamos das alucinações auditivas que foram interpretadas como 'demônio de Sócrates', em sentido religioso."

"Quando aquele fisionomista revelou a Sócrates quem este era, um covil de todos os apetites ruins, o grande irônico disse ainda uma frase que é uma chave para compreendê-lo. 'Isso é uma verdade', falou, 'mas tornei-me senhor de todos eles'. *Como* se tornou ele senhor de *si*? – Seu caso era, no fundo, apenas o caso extremo, o que mais saltava aos olhos, daquilo que então começava a se tornar miséria geral: que ninguém mais era senhor de si, que os instintos se voltavam uns *contra* os outros. Ele fascinou por esse caso extremo – sua amedrontadora feiura o distinguia para todos os olhos; ele

---

255. NIETZSCHE, F. *A origem da tragédia, op. cit.*, p. 85-6. (N.T.)
256. O problema de Sócrates. [Em: *Crepúsculo dos ídolos*. Trad. brasileira de Paulo César de Souza. São Paulo: Companhia das Letras, 2006. p. 18-22. (N.T.)]

fascinou ainda mais intensamente, está claro, como resposta, como solução, como aparência de *cura* para esse caso".

"Razão = virtude = felicidade significa tão-só: é preciso imitar Sócrates e instaurar permanentemente contra os desejos obscuros uma *luz diurna* – a luz diurna da razão. É preciso ser prudente, claro, límpido a qualquer preço: toda concessão aos instintos, ao inconsciente, leva *para baixo*...".

Foi assim que Sócrates conseguiu – ainda que contando com diferentes satisfações substitutivas e, em parte, de natureza neurótica e, ainda às custas da taça de cicuta – ser o primeiro a superar intelectualmente o trauma do nascimento e, com isso, tornar-se o precursor imediato da terapia psicanalítica.

X
O CONHECIMENTO PSICANALÍTICO

Partindo da situação analítica e de sua representação no inconsciente do sujeito analisado, identificamos a importância fundamental do trauma do nascimento, de seu recalcamento e de seu reaparecimento na reprodução neurótica, na adaptação simbólica, na idealização estética e na especulação filosófica. Acreditamos ter mostrado, num breve retrospecto das principais realizações e fases da civilização, que não somente todas as criações de maior ou menor valor social, mas até mesmo o devir humano, surgem de uma reação específica ao trauma do nascimento e, finalmente, o quanto somos gratos ao método psicanalítico que permitiu que atingíssemos, pela primeira vez, a mais ampla supressão do recalcamento primitivo pela superação de uma resistência também primitiva, a angústia.

O próprio desenvolvimento do conhecimento psicanalítico oferece um quadro muito instrutivo do poder dessa resistência e da vigorosa contribuição de Freud, sem a qual não conseguiríamos superá-la. Como Freud sempre insiste, não foi ele o verdadeiro descobridor da psicanálise, mas sim o médico vienense Dr. Josef Breuer que, em 1881, tratou do caso de histeria que mencionamos no início, no qual a paciente havia sugerido a ideia da *talking cure* ("cura pela conversação") ou, falando simbolicamente, da *chimney sweeping* ("limpeza de chaminé"). Quando Freud falou, num círculo de amigos, do papel desempenhado por Breuer na psicanálise, deixou entrever um profundo conhecimento do aspecto humano, como comprova seu trabalho pessoal *"Zur Geschichte der psychoanalytischen Bewegung"*.[257] Nele, Freud afirma que Breuer fugira, em última análise, afetado pelas

---

257. Sobre a história do movimento psicanalítico. *Jahrbuch der Psychoanalyse*, v. VI, 1914 (e depois em *Kleinen Schriften*, v. IV).

consequências de sua descoberta como que por um *untoward event* (evento desagradável), pois não queria reconhecer o papel do momento sexual – o mesmo que Freud corajosamente reconheceu e que, mais tarde, permitiu-lhe compreender a reação de seu mestre. E mesmo as secessões posteriores, entre os seguidores da psicanálise e que levaram a novas teorias, baseadas não na observação, mas sim na contradição, foram caracterizadas por Freud como "movimentos retrógrados que se desviavam da psicanálise". Como ele mesmo vivenciara à exaustão, as pessoas pareciam menos aptas a suportar as verdades psicanalíticas e, quando algum de seus discípulos se recusava a segui-lo, ele costumava dizer que não era qualquer um que estava preparado para pesquisar constantemente os recônditos mais obscuros do inconsciente e, apenas de vez em quando, enxergar a luz do dia. Não sabemos o que é mais admirável em Freud: sua coragem de descobridor ou seu caráter combativo e tenaz, com o qual ele sempre soube defender suas descobertas contra as resistências vindas de toda parte; com mais intensidade ainda, ele se defendeu contra alguns de seus colaboradores mais próximos que, como Breuer, chocados com essas descobertas, fugiram – e para as mais diversas direções, na esperança de conseguirem livrar-se desses conhecimentos que tiravam o sono do mundo. Dentre o que eles conseguiram descobrir nesse caminho de fuga, Freud, com uma objetividade admirável, separou os lampejos de verdade das imprecisões e negações, o que, ao mesmo tempo, ele considerava à luz do aspecto efetivamente "psicanalítico" de seu campo de atuação.

Deste modo, a história do movimento psicanalítico oferece, também devido a alguns exageros e mal-entendidos cometidos por seus fiéis seguidores – que, por vezes, interpretam muito ao pé da letra as doutrinas do mestre – a mesma hesitação que faz parte de todo movimento intelectual que revela a verdade num ponto decisivo. Na psicanálise, este foi, com efeito, a descoberta de Breuer; no entanto, somente Freud estava em condições de chegar às conclusões práticas e teóricas de maneira igualmente consequente. Se a retomamos agora, é justamente para mostrar o quanto Freud foi coerente em todas as suas concepções, como também o é a perspectiva adotada no presente trabalho, que se constitui como uma espécie de conclusão da descoberta de Breuer e da concepção e elaboração desta por Freud.

O ponto de partida de Breuer foi o "fato fundamental de que os sintomas dos histéricos dependem de cenas impressionantes, mas esquecidas de suas vidas (sonhos) e que é possível, pela hipnose, permtir aos doentes que se lembrem desses acontecimentos e os reproduzam (catarse); a conclusão teórica que se pode tirar daí é a de que esses sintomas correspondem a um uso anormal de excitações que não foram levadas a termo (conversão)". Se inserirmos nessa formulação de Freud[258] a respeito do núcleo da descoberta de Breuer o trauma primitivo do nascimento, descoberto pelo método freudiano – a psicanálise propriamente dita, portanto – e que, durante o processo de cura, consegue ser reproduzido e dissolvido, então surge com isso o ponto de partida psicofisiológico da análise do problema da "conversão" (Freud), associado ao momento igualmente psicofísico do trauma do nascimento. Entre esses dois fatores encontra-se a criação exclusiva de Freud, a *psicologia do inconsciente*; ou seja, a primeira psicologia em geral que é digna desse nome, uma vez que a psicologia da consciência, saída da especulação filosófica, foi sendo paulatinamente deslocada para o terreno médico (fisiologia dos sentidos, neurologia, anatomia do cérebro). Agora compreendemos melhor porque foi preciso estabelecer a primeira diferenciação entre a concepção "fisiológica" de Breuer, a "teoria dos hipnoides", e a puramente psicológica de Freud, a "teoria da defesa", e que conduziria à descoberta do recalcamento e, mais tarde, à análise do conteúdo desse recalcamento (pré--consciência – inconsciência), bem como das instâncias recalcadas do *eu* (e seus derivados: consciência,[259] sentimento de culpa, idealização etc.)

É interessante não apenas do aspecto histórico-científico, mas também do humano, que a separação entre Freud e Breuer tenha ocorrido na fronteira psicofísica da "conversão", nome que, com efeito, fora criado por Freud, enquanto que o fato, por sua vez, segundo o próprio Freud afirmou, foi constatado por ambos "em comum e ao mesmo tempo". É como se, desde então, um tabu pesasse sobre esse terreno depois da separação entre mestre e discípulo pois, até hoje, o problema da coversão ainda não foi solucionado, nem tampouco nenhum outro discípulo se arriscou nessa direção.[260] Se, por meio da aplicação lógica do método freudiano, somos agora novamente impelidos para esse problema primordial, que tenhamos então consciência da responsabilidade que comporta hoje a tentativa de solucioná-lo; acreditamos, contudo, que essa tentativa se justifique plenamente se considerarmos o já mencionado caráter geral de nosso ponto de vista.

---

258. *Zur Geschichte der psa. Bewegung, op. cit.*, p. 208.
259. Em alemão: *Gewissen*, que remete à ideia escrúpulo ou culpabilidade. (Como fica claro na expressão *"schlechtes Gewissen"*, que significa "consciência pesada"). Nota-se, assim, uma nuance de sentido entre *Gewissen* e *Bewußtsein* – empregada em oposição a "inconsciente" (*Unbewußt*) – ainda que as duas palavras possam ser traduzidas por "consciência" em português. (N.T.)
260. Ver contudo Ferenczi (*Hysterie und Panthoneurosen* [Histeria e patoneuroses], 1919), que concebe a conversão num sentido análogo ao nosso, de uma "regressão para uma protopsicose".

Por várias vezes, no curso de nossa exposição, nos esquivamos da questão de saber como é possível que o anseio – agora reconhecido como sendo a tendência primordial da libido – de reconstituir a situação primitiva e prazerosa no útero materno, e que temos de considerar como a expressão máxima da possibilidade de prazer, esteja ligado de maneira tão indissolúvel ao sentimento primitivo de angústia, como o revelam o pesadelo, o sintoma neurótico, mas também tudo aquilo que deriva desses fenômenos ou que se assemelhem a eles. Para que compreendamos esse fato, precisamos ter em mente que o estado primitivo prazeroso é interrompido de maneira indesejada pelo ato do nascimento – supostamente já um pouco antes, pelos deslocamentos e pela compressão (movimentos do bebê) – e que toda a vida posterior consistirá em substituir esse paraíso perdido, e que não pode mais ser encontrado, pelos já descritos, e extremamente complicados, atalhos dos destinos da libido.

Parece que o sentimento de angústia primitivo que acompanha o nascimento e toda a vida posterior, até a morte – essa nova separação entre o indivíduo e o mundo exterior que, aos poucos, foi se tornando sua segunda mãe – permaneça, desde o início, não a mera expressão de prejuízos fisiológicos (dificuldade respiratória, falta de espaço, angústia) que acometem o recém-nascido, mas adquirem, na sequência da transformação de uma situação prazerosa ao extremo em uma completamente desprazerosa, um caráter afetivo "psíquico". Essa angústia consiste no primeiro conteúdo da percepção ou, por assim dizer, no primeiro ato psíquico que opõe o anseio, ainda muito intenso, de reconstituição da situação prazerosa perdida, a primeira barreira na qual podemos reconhecer também o recalcamento primitivo. A conversão, cujas manifestações normais Freud reconheceu na chamada expressão somática do movimento psíquico, mostra-se assim idêntica ao surgimento do psíquico a partir de uma inervação somática; ou seja, idêntica à impressão consciente da primeira angústia percebida. Se esta fosse apenas fisiológica, então ela provavelmente poderia, mais cedo ou mais tarde, ser suprimida; contudo, ela passa a ancorar-se psiquicamente a fim de impedir a tendência ao retorno (libido) que, em todos os estados posteriores nos quais a angústia se desenvolve, rompe com essa barreira do recalcamento primitivo. Isso significa que a impressão de angústia primordial, percebida e psiquicamente fixada, apaga a lembrança do estado prazeroso anterior, impedindo assim o anseio de retorno que nos privaria da capacidade de viver, como prova o "corajoso" suicida que consegue, por regressão, ultrapassar essa barreira formada pela angústia. Parece que o indivíduo não suporta a separação dolorosa do objeto primitivo e nem realiza sua adaptação substitutiva ao mundo exterior se não for retido pela ameaça de repetição do medo primitivo. Sempre que – seja no sono (sonho), seja na vigília (fantasia inconsciente) –, pretendemos nos aproximar desse limite, surge a angústia, o que explica tanto o caráter inconscientemente prazeroso e conscientemente penoso de todos os sintomas neuróticos. A união sexual oferece a única possibilidade real de uma reconstituição aproximada do prazer primitivo, esse retorno parcial, puramente corporal, ao útero materno. No entanto, essa satisfação parcial, à qual se associa a máxima sensação de prazer, não é suficiente para todos os indivíduos ou, mais exatamente, em consequência de um efeito mais intenso do trauma do nascimento que, em última análise, se deixa derivar do plasma germinal – o que os obriga a um processo de recalcamento mais intenso (reação) – esses indivíduos podem estabelecer relações somáticas parciais entre eles e o objeto somente de forma mais ou menos insatisfatória. Em vez de realizar o ato sexual normal e de conceber um novo ser, com o qual eles poderiam identificar-se, o inconsciente deles anseia por reproduzir o retorno completo, seja produzindo com o parceiro sexual a identidade corporal completa que existe entre mãe e filho (masturbação, homossexualidade),[261] seja pela defesa contra o mecanismo de identificação, no sintoma neurótico. A principal diferença entre o homem e a mulher, do ponto de vista do conjunto da evolução psíquica, reside no fato de a última ser capaz, por uma reprodução real da situação primitiva – ou seja, pela repetição efetiva da gravidez e do ato de parir – de proporcionar a si mesma uma satisfação mais próxima da primitiva, enquanto que o homem, não podendo prescindir de uma identificação inconsciente, é obrigado a criar um substituto para essa reprodução, identificando-se com a "mãe" e com as produções culturais e artísticas resultantes dessa identificação. Isso explica o papel menor que a mulher desempenha no desenvolvimento cultural, o que acarreta, como efeito secundário, sua inferioridade social, enquanto que, na verdade, toda a criação da cultura resulta exclusivamente da supervalorização libidinosa, e afastada pelo recalcamento primitivo, do objeto primitivo (a mãe) por parte do homem.[262] Desta forma, poderíamos dizer que a adaptação social normal corresponde a uma transferência de grande parte da libido

---

261. Marcial já afirmou a respeito dos homossexuais: *"pars est una patris cetera matris habent"*.

262. Aqui reside a motivação mais profunda do sentimento de "inferioridade" da mulher, que Alfred Adler considera fundamental e que, a propósito, enquanto consequência direta do recalcamento do trauma do nascimento, não teria nenhuma relação com o sexo.

primitiva para o aspecto paternal e criador do indivíduo, enquanto que tudo o que é patológico – mas também anormal – se deve a uma fixação muito forte na mãe e, por conseguinte, numa reação de defesa. Entre ambos, está a satisfação sexual completa, que também inclui o desejo de procriação e uma reconversão quase total da angústia primitiva na libido primitiva. Isso explica porque os inúmeros distúrbios que podem ocorrer no interior do complicado mecanismo sexual imediatamente desencadeiam a angústia que, nos distúrbios diretos da função sexual (as "neuroses atuais" de Freud), libertam-se imediatamente; por outro lado, nas neuroses ancoradas psiquicamente, ela surge como parte da estrutura defensiva do sintoma, e é descarregada por vias reprodutivas em crises ou ataques de todo tipo.

Com o trauma do nascimento e os estados fetais que o precedem, finalmente tornamos tangível o domínio tão controverso do psicofísico e, com isso, compreendemos não apenas a angústia, esse sintoma humano primitivo, mas também a conversão, com suas raízes psicofísicas, bem como toda a vida afetiva e instintiva do homem. Na verdade, o instinto ou a pulsão nada mais é que a primeira reação à angústia primitiva ancorada psiquicamente; na medida em que o *eu*, no seu recuo diante da barreira da angústia, sempre é impulsionado para seguir em frente, ele passa a buscar o paraíso, não mais no passado, mas no mundo representado segundo a imagem da mãe e, uma vez que esse esforço malogra, nas grandiosas compensações desse desejo: a religião, a arte e a filosofia. Pois, na verdade, esse enorme esforço de adaptação só é realizado por um único tipo de homem, que a história espiritual nos transmitiu como sendo um herói, uma vez que se refere a uma figura de valores reais, e que gostaríamos de designar como um "artista", no sentido mais amplo da palavra,[263] já que se trata da criação de valores ideais dessa superestrutura da imaginação adquirida, na constituição real, a partir dos restos insatisfeitos da libido primitiva. O homem normal já entra nesse mundo que representa o símbolo primitivo quando nasce, e encontra nele, prontas, as possibilidades de satisfação que correspondem ao nível médio de recalcamento; ele só precisa reconhecê-las, a partir de sua experiência primitiva individual, e fazer uso delas ("simbolismo").

É chegado o momento de tirar as consequências teóricas mais importantes desta concepção que, por sua vez, se apresenta como um prolongamento direto da orientação investigativa inaugurada por Freud. Desde o início, o ponto de vista específico da psicanálise foi o adiamento provisório

---

263. RANK, Otto. *Der Künstler. Ansätze zu einer Sexualpsychologie* [O artista. Princípios para uma psicologia sexual], 1907 (2. ed. 1918).

de todas as influências hereditárias ou filogenéticas que, sem isso, seriam em grande parte incompreensíveis e cuja supervalorização a psicanálise conseguia corrigir ao tornar acessível à pesquisa uma etapa de extrema importância do desenvolvimento do indivíduo, a primeira infância, que é também um fator determinante de todo seu percurso posterior. Como o aperfeiçoamento da técnica analítica nos colocou em condição de, no decorrer de nossas experiências com esse estágio do desenvolvimento infantil, ir cada vez mais longe em direção ao passado, chegando até o estágio pré-natal, constatamos – sobretudo a partir de um estudo aprofundado do simbolismo dos sonhos – que podíamos prescindir do ponto de vista filogenético aplicado ao patrimônio psíquico inato, bem como de remetê-lo à lei biogenética fundamental, tal como formulada por Haeckel. Deste modo, não apenas todo o simbolismo, mas também os problemas relacionados a ele, são esclarecidos de maneira mais simples e satisfatória do que por meio dos pontos de vista filogenéticos, introduzidos prematuramente na psicanálise por Jung e sua inclinação especulativa. Vindo da psiquiatria e tomando a mitologia como ponto de comparação, faltava a Jung uma experiência mais abrangente na análise de neuroses, o que lhe teria permitido ir além de uma mera descrição e das respectivas especulações. Freud logo reconheceu a esterilidade da tentativa de tornar compreensível o fenômeno da psicologia individual com a ajuda de um material mal interpretado ou tomado da psicologia coletiva, e tomou a única via correta, que era a oposta, e pela qual seguimos em frente, para só então fazer com que o ponto de vista filogenético se afastasse consideravelmente dela.

Uma vez que reduzimos as fantasias primitivas que têm por objeto a castração, bem como a situação edipiana do trauma do nascimento (separação da mãe) e à sua fase preliminar prazerosa (nova união com a mãe), não será difícil, baseando-nos diretamente nas observações de Freud, remeter os complexos de castração e o de Édipo – ambos relacionados à impressão deixada pela visão acidental do coito dos pais – ao seu substrato real: a situação pré-natal. Já na segunda edição da *Interpretação dos sonhos* (1909), Freud relata exemplos típicos de sonhos cujas "fantasias são relacionadas à vida intrauterina, à permanência no útero materno e ao nascimento" (p. 198), e cita como exemplo o sonho de um jovem que "na imaginação, se utiliza da ocasião intrauterina para espiar um coito entre seus pais". Tanto este como o sonho seguinte, de uma paciente que deve separar-se de seu analista, têm como objeto o nascimento, e são, como Freud reconheceu de início, sonhos terapêuticos (de cura), cuja regularidade serviu de ponto de partida para nosso estudo. Em relação à situação de cura, esses sonhos correspondem a "fantasias" que, por sua vez, equivalem apenas ao reflexo da reprodução efetiva do ato do nascimento com o auxílio de um material autêntico, "rememorado". Depois de o chamado "fantasma intrauterino" ter adquirido, a despeito de todos os seus críticos, o direito de cidadania na psicanálise, ele seria retomado por Freud muitos anos mais tarde, em sua clássica descrição da *História de uma neurose infantil*,[264] na qual ele defendeu tenazmente, não apenas das tentativas equivocadas de reinterpretação de seus antigos partidários, mas também de sua própria dúvida científica, a realidade da "cena primitiva" que, no entanto, permeneceu incompreensível. Partindo dos fantasmas de um segundo nascimento do paciente, cuja queixa "de que o mundo se apresentava a ele envolvido num véu" podia referir-se ao seu nascimento numa "coifa", Freud chegou à conclusão de que o paciente desejaria retornar ao útero materno (*op. cit.*, p. 693) para, depois da identificação com a mãe, ser fecundado pelo pai e gratificá-lo com um filho. Como pudemos demonstrar com materiais isentos de quaisquer críticas, a primeira parte desse desejo deve ser considerada como uma realidade biológica; já a segunda parte revela toda a dimensão do disfarce psíquico e das modificações sofridas por esse desejo primordial por meio das experiências específicas do menino em sua infância. O próprio Freud afirma, numa nota de rodapé (*op. cit.*, p. 695), que essa questão da capacidade retroativa de rememoração é "a mais delicada de toda a teoria analítica", chegando à conclusão de que poderíamos "nos afastar com dificuldade da ideia de que um tipo de conhecimento difícil de ser definido, algo como uma preparação para a compreensão, intervém sobre a criança nessa situação (na reativação da "cena primitiva"). Escapa à nossa imaginação o modo pelo qual isso se dá, dispomos apenas de uma excelente analogia com o saber instintivo, e de longo alcance, dos animais" (*op. cit.*, p. 716). Nos sonhos que não sofrem nenhum tipo de influência na fase inicial da análise, correspondendo aos sonhos habituais da pessoa analisada, existem, ao lado dos fantasmas pelos quais o doente se imagina, com base no que ouviu ou aprendeu, ter assistido a um coito entre seus pais, alguns elementos biológicos (como posições de membros, certas dores relacionadas ao parto etc.), que também a mãe não poderia conhecer. Esses elementos, quando relacionados aos sintomas

---

264. In: *Sammlung kleiner Schriften zur Neurosenlehre* [Reunião de breves escritos sobre o tema da neurose], IV, 1918. O trabalho foi concluído no inverno de 1914-1915.

somáticos da neurose, nos permitem compreender o substrato real dessa "fantasia de espionagem".[265] Para tanto, precisamos apenas tomar o sentido inverso do caminho da adaptação "simbólica" de que já tratamos, da realidade do quarto de dormir dos pais, onde geralmente a cena em questão é situada, até seu protótipo real, o útero materno. Nesse percurso, a verdadeira essência da "fantasia primitiva"; ou seja, a indiferença quanto ao fato de a cena ter acontecido ou não passa a ser compreendida, pois mesmo se o coito realmente tivesse sido observado, isso não poderia ter um efeito traumático, caso não se tratasse de uma lembrança do trauma primitivo, do primeiro incômodo, provocado pelo pai, na feliz tranquilidade da criança. É deste modo que o complexo de Édipo infantil, formado posteriormente, surge como um resultado direto; ou seja, como uma elaboração psicossocial da situação edipiana intrauterina que, por sua vez, aparece como "complexo nuclear das neuroses", já que esse incômodo trazido pelo pai, para não dizer esse primeiro "trauma", pode ser considerado o antecedente direto deste.[266]

Sob essa perspectiva, é possível compreender o substrato real das "fantasias primitivas" e demonstrar a realidade primitiva subjacente a elas e, deste modo, conceber e compreender a "realidade psíquica" que, de acordo com Freud, temos de atribuir ao inconsciente, como uma realidade biológica. Podemos renunciar provisoriamente à hipótese de uma transmissão hereditária de conteúdos psíquicos, pois o psíquico primário, o inconsciente propriamente dito, revela-se como sendo a vida embrionária que persiste inalterada no *eu* em crescimento,[267] e que a psicanálise considera como a última unidade metapsicológica, como o *id* sexualmente neutro. Tudo o que ultrapassa essa unidade, especialmente tudo o que é sexual no sentido estrito do termo, faz parte do pré-consciente, assim como revela o simbolismo

---

265. O elemento fantasioso em questão, a projeção regressiva da fase heterossexual, pode ser encontrado em inúmeras tradições místicas que representam o herói praticando o coito ainda dentro do útero materno (Osiris), bem como em algumas piadas obscenas.

266. Não é uma informação secundária saber até que período da gravidez acontecem as relações sexuais. A esse respeito, ver as considerações do Dr. Hug-Hellmuth: *Aus dem Seelenleben des Kindes. Eine psychoanalytische Studie* [Da vida psíquica da criança. Um estudo piscanalítico], 2. ed., 1921, p. 2). O autor também mostra que a alegria que o ritmo desperta nos bebês têm uma relação primordial com as sensações de movimento que o feto experimenta no útero materno.

267. Prova disso é o fato conhecido da análise, mas geralmente considerado incompreensível e contraditório, de o "inconsciente" ser representado no sonho pelos mesmos símbolos que o útero (quartos, edifícios, armários, minas, cavernas), símbolos que Silberer só pôde conceber como puramente "funcionais", ou como uma autorrepresentação psíquica. Ver seu último trabalho nos relatórios do grupo de Viena (*Zschr.*, VIII, 1922, p. 536).

sexual empregado no chiste, no folclore e no mito – neles, apenas a relação libidinosa entre o embrião e o útero é de fato inconsciente.

Com essa definição do inconsciente explicam-se todas as características que, segundo a descrição mais atual de Freud,[268] seriam inerentes ao núcleo inconsciente de nosso *eu*: em primeiro lugar, a tendência, geralmente invariável em sua intensidade e insaciável de um desejo que Freud definiu biologicamente como sendo o anseio da libido por uma reconstituição de uma situação primitiva perdida; em seguida, o caráter primitivamente "narcísico" dessa situação, a ausência completa da diferenciação sexual, através da qual originalmente cada objeto contraposto ao *eu* adquire um caráter materno; em terceiro lugar, a ausência da noção de tempo e de qualquer negação que "só seria introduzida pelo processo de recalcamento",[269] e que deriva portanto, da experiência psíquica do trauma do nascimento; e, por fim, os mecanismos psíquicos fundamentais do inconsciente: como a tendência à projeção, decisiva para o desenvolvimento da civilização e que pretende substituir exteriormente a situação perdida, e a tão enigmática tendência à identificação, que visa restabelecer a antiga identidade com a mãe.

Dentre as características essenciais do inconsciente, e de grande importância para a compreensão do conjunto dos processos vitais, está a ausência completa da "negação em si", da representação da morte, como Freud constatou oportunamente na vida infantil. A criança e seu representante psíquico, o inconsciente, só conhecem, por experiência própria, a situação anterior ao nascimento, cuja lembrança prazerosa ainda persiste na crença inabalável na imortalidade, na ideia de uma vida eterna após a morte. Mas também aquilo que, do ponto de vista biológico, nos aparece como instinto de morte, não pode ansiar por mais nada além do restabelecimento da situação vivida antes do nascimento; já a "tendência à repetição"[270] resulta da impossiblidade de realização desse anseio, que sempre esgota, sob novas formas, todas as possibilidades. Designamos esse processo, do ponto de vista biológico, de "vida". Se o indivíduo "normal", liberto do trauma do nascimento, a despeito das conhecidas dificuldades do desenvolvimento infantil e evitando recaídas neuróticas, consegue adaptar-se ao mundo

---

268. FREUD, S. *Das ich und das Es* [O Ego e o Id]. *Op. cit.*, 1923.
269. Ver: *Aus der Geschichte einer infantilen Neurose* [Sobre a história de uma neurose infantil]. *Op. cit.*, p. 669, nota 2.
270. Ver FREUD, S. *Jenseits des Lustprinzips* [Além do princípio do prazer], 1921. As ideias defendidas aqui corroboram quase inteiramente com as considerações recapituladas por Roheim na parte final de sua série de artigos: "Das Selbst" [O eu] (*Imago*, v. VII, p. 503 ss, 1921).

exterior como se fosse "o melhor dos mundos" – ou seja, como um substituto da mãe –, então vemos que o inconsciente, com uma perseverança obstinada, seguiu pelo caminho de retorno que lhe foi prescrito, e que o remete, contra a vontade do eu, às suas finalidades primitivas. Esse processo, que chamamos de "envelhecimento", só pode atingir esse objetivo inconsciente pela destruição sistemática de todo o corpo, através de doenças de todo tipo que acabam por levar à morte.[271] No momento da morte, o corpo se separa novamente daquilo que tinha substituído a mãe, da "mulher-mundo", pela frente bela e agradável, mas feia e assustadora pelo lado inverso;[272] essa separação parece fácil para o inconsciente, já que se trata de renunciar a um substituto para se atingir uma felicidade verdadeira.[273] Neste ponto, enraízam-se não apenas a representação popular da morte como redentora, mas também o que há de essencial em todas as ideias religiosas de redenção.

Por outro lado, a imagem assustadora da morte como ceifadora, que com um violento golpe de foice separa novamente alguém da vida, remete à angústia primitiva que o homem reproduz pela última vez no último trauma, no último suspiro que antecede a morte, conseguindo ainda extrair da angústia suprema – a da morte –, o prazer da negação desta através da sensação renovada da angústia do nascimento. É com extrema seriedade que o inconsciente concebe a ideia da morte como um retorno à vida intrauterina, o que já se observa nos ritos fúnebres de todos os povos e em todas as épocas, e que punem o incômodo do sono eterno (pelo pai) como o maior dos insultos e o mais nefasto dos sacrilégios.

Assim como, segundo o profundo dogma dos fundadores da igreja, o embrião só estaria pronto para receber uma alma num estágio mais avançado da gravidez, quando a criança já fosse capaz de perceber as primeiras impressões, da mesma forma que a alma só abandonaria o corpo no momento

---

271. Ver os três males budistas: velhice, doença e morte. Antes de beber do cálice com veneno, disse Sócrates: "Viver – isso significa estar doente por muito tempo. Eu devo um galo ao sábio Asclépio." (Vale lembrar que o sábio Asclépio é uma divindade mítica que foi punida por Zeus com um raio fulminante porque tinha o poder de ressuscitar os mortos).

272. Ver "Frau Welt" [Mulher-mundo], de H. Niggemann (*Mitra*, I, 1914, 10, p. 279).

273. Já o grande médico e observador do comportamento humano Hufeland fala do caráter aparentemente doloroso da morte. Num artigo a que tive acesso por acaso durante a escritura deste trabalho, Heinz Welten (*Über Land und Meer* [Sobre terra e mar], abril de 1923) mostra "o quanto é fácil morrer", apoiando-se nas últimas palavras de grandes personalidades. As célebres palavras derradeiras de Goethe – "Mais luz!" – aludem claramente ao fantasma inconsciente do nascimento, ao desejo de ver a luz do mundo. Seu trauma do nascimento, de uma gravidez anormal, e sobre o qual o próprio Goethe já falou, explica o que há de enigmático em sua vida e obra.

da morte para poder participar da vida imortal. Nessa separação entre alma e corpo, o desejo insaciável procura salvar a imortalidade. Aqui, estamos novamente diante do conteúdo primitivo, aparentemente fantasioso mas, na verdade, bastante real da ideia de alma, tal como esta se desenvolveu, segundo as belas considerações de Erwin Rohde (*Psyche, Seelenkult und Unsterblichkeitsglaube der Griechen* [A Psique, o culto às almas e a crença na imortalidade dos gregos]) a partir da ideia de morte. A alma é representada primitivamente como bastante real e corporal, como um duplo do morto (o *Ka* egípcio e suas figuras correspondentes),[274] que deve substituí-lo no sentido de uma vida que de fato continua após a morte. Já procurei demonstrar em outra ocasião[275] como a crença primitiva na alma, a ideia religiosa de alma e o conceito filósofico de alma derivam dessa ideia de morte. A pesquisa psicanalítica, que desvendou toda essa gama de crenças e ideias como sendo fantasias e desejos inconscientes, remonta assim, mais uma vez, ao conteúdo anímico real, tal como ele se realiza no estado embrionário.

Em vista de todas essas tentativas grandiosas e sempre renovadas de restabelecer o estado primitivo perdido e negar o trauma primitivo pelas vias mais distintas de compensação, acreditamos compreender um momento ao longo da hesitante marcha da história mundial, com suas fases que variam de modo aparentemente arbitrário, dentro de seu determinismo biologicamente condicionado. Parece predominar aí o mesmo mecanismo que se manifesta tão pronunciadamente no recalcamento primitivo. Épocas de grande miséria exterior, que lembram de forma muito intensa ao inconsciente a primeira necessidade do indivíduo – o trauma do nascimento – conduzem automaticamente a tentativas mais fortes de regressão, que sempre têm de ser abandonadas, não apenas porque nunca poderão atingir o objetivo a que se propõem, mas sobretudo porque, no momento em que nos aproximamos dele, nos deparamos com a angústia primitiva, que monta guarda diante do paraíso, tal como o querubim com sua espada na entrada do céu. Assim, contra a tendência primitiva em reproduzir a antiga e suprema experiência prazerosa, o homem se protege não apenas por meio do recalcamento primitivo, que o poupa da repetição da mais intensa experiência desagradável – a angústia primitiva – mas também pela

---

274. KRAUSS, F. S. *Sréca. Glück und Schicksal im Volksglauben der Südslaven* [Sréca. Sorte e destino na crença popular dos eslavos do Sul]. Viena, 1886; e *Der Doppelgängerglaube im alten Ägypten und bei den Südslaven* [A crença no duplo no Egito antigo e entre os eslavos do Sul]. *Imago*, v. VI, p. 387, 1920. Ver também RANK, Otto. *Der Doppelgänger* [O duplo]. *Imago*, v. III, 1914.
275. *Die Don Juan-Gestalt* [A figura de Don Juan]. *Imago*, v. VII, p. 166 ss, 1922.

resistência à própria fonte desse prazer, da qual não queremos ser lembrados, porque ela deve permanecer inacessível. Nesse recalcamento de dupla barreira, que corresponde tanto ao bloqueio da lembrança do prazer primitivo através da angústia do nascimento, como ao esquecimento do doloroso trauma mediante a experiência prazerosa anterior – ou seja, nessa ambivalência primordial do psíquico –, reside o enigma do desenvolvimento humano, que só pode ser resolvido por uma única via, a da descoberta do próprio processo de recalcamento pela psicanálise.

XI
O EFEITO TERAPÊUTICO

Uma vez que abordamos o poder do recalcamento primitivo e as reiteradas tentativas de superá-lo empreendidas sem sucesso pela humanidade ao longo de vários milênios, poderíamos supor que, num primeiro momento, a ideia de uma desesperança em relação à psicoterapia viria juntar-se às consequências pessimistas que essa concepção parece acarretar. Pois qual poder na Terra seria capaz de levar o inconsciente a recusar sua natureza mais íntima, a tomar uma direção diferente daquela que lhe é inata, no verdadeiro sentido da palavra? De fato, com base em tudo o que foi dito até aqui, a única conclusão possível parece ser a de que não poderia existir um tal poder de desvio. Por outro lado, a experiência analítica mostra que deveria existir algo que fizesse com que pessoas gravemente neuróticas, nas quais o inconsciente exerce uma influência tão poderosa, tivessem condições de viver como aqueles que não sofrem desse problema. No entanto, isso é, ao mesmo tempo muito e pouco, dependendo da perspectiva em que analisamos os resultados. Ora, se apenas o analista parece estar inclinado a olhar da primeira perspectiva, o paciente com frequência só considera a segunda. Num primeiro momento, essa contradição poderia não exigir ser melhor fundamentada; valeria a pena contudo, examinar sua motivação psicológica.

Não se tratam de casos nos quais o analista, embora com razões subjetivas para acreditar ter feito não apenas o seu melhor, mas tudo o que estava a seu alcance, não obtém um sucesso real; os casos que tenho em mente são aqueles nos quais o paciente de fato se livra de seu sofrimento e retoma seu trabalho e sua alegria de viver e, no entanto, comporta-se como alguém insatisfeito. Esse dado, porém, não nos desvia de nossa tarefa ou faz com que hesitemos diante dela. Quem disse que todas as outras pessoas que jamais se submeteram à análise, que talvez sequer tenham sentido necessidade disso, são mais felizes e satisfeitas? A esse respeito, vale lembrar o aforismo de Freud, que dizia que o neurótico curado geralmente passa a demonstrar sofrimentos comuns que, antes, eram classificados como "neuróticos"! Se mesmo no caso de um paciente que sofre de uma grave doença física, o médico raramente consegue corresponder à exigência de uma saúde perfeita, quem dirá no caso do neurótico, que sofre justamente de um excesso de exigência, e mesmo em relação à libido que, de acordo com os conhecimentos psicanalíticos, é de natureza a jamais ser plenamente satisfeita. Deste modo, o conhecimento das causas da neurose deveria, antes, nos levar a desistir de qualquer tentativa de cura, em vez colocar em nossas mãos o instrumento para sua supressão. E isso não significaria introduzir na psicanálise um niilismo absoluto? Mais ainda, significaria uma recusa de toda a pesquisa e de toda ciência que, de fato, parece fundar-se na sentença socrática utilizada pela técnica: saber é poder!

Ora, a psicanálise foi quem primeiro abalou esse preconceito que nos foi transmitido por seus antecessores antigos como uma síntese de seu saber. Ela nos obrigou a nos despir de nossa soberba intelectual e nos ensinou a depreciar cada vez mais o poder de nossa consciência em relação à força biológica elementar do insconsciente. Acredito que seguimos pelo mesmo caminho no âmbito da terapia psicanalítica, depois de termos adquirido conhecimento suficiente para reconhecer que – parafraseando Sócrates – tudo o que sabemos é que nosso saber não tem muito valor terapêutico se não conseguimos aplicá-lo de maneira eficaz. O próprio Freud, há muito tempo, ao diferenciar de forma precisa a psicanálise enquanto método de pesquisa e enquanto terapia, já advertiu quanto ao perigo de confundir o que nós mesmos sabemos e compreendemos com aquilo que sabe e compreende o doente.[276] Quando ainda sabíamos muito pouco acerca do inconsciente, muitas vezes era inevitável que colocássemos a pesquisa em primeiro plano se nossos conhecimentos alcançados até então não fossem suficientes para se chegar a um efeito terapêutico. Mas as ricas experiências dos últimos anos nos convenceram de que as possibilidades terapêuticas de nosso saber não correspondem às expectativas, e mesmo que um excesso de saber e de conhecimento podem até bloquear uma intervenção terapêutica ingênua.[277] Por outro lado, a experiência também mostrou que a comunicação de nosso saber ao paciente, e mesmo a aceitação intelectual deste, não muda absolu-

---

276. Weitere Ratschläge zur Technik der Psychoanalyse: Zur Einleitung der Behandlung [Novas orientações para a técnica da psicanálise: Da introdução do tratamento]. *Kleine Schriften*, IV, p. 436, 1913.

277. Tais experiências levaram o Prof. Freud, no congresso de setembro de 1922, a colocar em questão "A relação entre a teoria psicanalítica e a técnica" (*Das Verhältnis der psychoanalytischen Theorie zur Technik*).

tamente nada em relação a seus sintomas. O analista foi obrigado a atibuir um valor terapêutico à aceitação afetiva que, em última análise, se igualava ao alívio afetivo e que só era possível depois da eliminação das resistências inconscientes. No lugar do procedimento, datado da época da hipnose, da evocação consciente de lembranças, logo entraria a repetição na transferência positiva e negativa, à qual se juntou a verdadeira reprodução afetiva.[278] Logo ficaria claro que essa reprodução era impossível de ser evitada, e que seria necessário justamente provocá-la quando o paciente utilizava a lembrança para proteger-se da reprodução, ou seja, como função biológica. É sabido que Ferenczi foi o primeiro a demonstrar a necessidade de uma terapia "ativa",[279] o que ele, num trabalho mais aprofundado, procurou fundamentar e defender de uma interpretação equivocada.[280] Ferenczi destaca, com razão, que a maneira ativa, desacreditada enquanto novidade, sempre foi tacitamente praticada na psicanálise, e eu não saberia acrescentar nenhum outro argumento a esse respeito, a não ser o fato de que toda terapia seria "ativa" por natureza; isto é, que ela tem por finalidade exercer uma influência voluntária que acarreta uma transformação, um efeito. A "passividade", atribuída com razão à psicanálise, é uma virtude do pesquisador, que o coloca em condições de descobrir algo de novo, de um modo geral, algo que ele ainda não saiba ou que seja provocado pelo seu saber. Porém, da mesma forma que o médico, junto à cama do doente, não irá recorrer à toda a história da medicina ou a um compêndio para chegar a um diagnóstico correto, o analista em atividade pode contar com seu paciente para, seguindo passo a passo a pesquisa psicanalítica, desnudar a vida psíquica deste, por assim dizer, historicamente. Ele deve também assimilar a soma dos conhecimentos já adquiridos e aplicá-los na prática, de acordo com as exigências de cada caso. Só fica evidente que, desta forma, ele procede de maneira "ativa" se o objetivo for um efeito terapêutico digno de nota. Sua intervenção não é menos ativa que a de um cirurgião e tem uma finalidade: libertar, pelas regras da arte, a libido primitiva de sua fixação, ao suprimir ou atenuar o recalcamento primitivo e, desta forma, libertar o paciente de sua fixação neurótica – recorrendo, em última análise, à repetição do trauma do nascimento, com o apoio de uma

---

278. "Weitere Ratschläge..." etc.: *Erinnern, Wiederholen und Durcharbeiten* [Recordar, repetir, perlaborar], 1914. *Kleine Schriften*, IV. Ver também Ferenczi e Rank: *Entwicklungsziele der Psychoanalyse. Zur Wechselbeziehung von Theorie und Praxis* [Objetivos do desenvolvimento da psicanálise. Da alternância entre teoria e prática], 1924.

279. Technische Schwierigkeiten einer Hysterieanalyse [Dificuldades técnicas de uma análise de histeria]. *Zschr.*, V, 1919.

280. Mais detalhes sobre a "técnica ativa" na Psicanálise: *ibid.*, VII, 1921.

parteira experiente. Aqui digo intencionalmente "parteira" e não "médico", porque quero destacar sobretudo o momento puramente humano e prático desse procedimento. Se dedicarmos alguns momentos de reflexão acerca dessa nova finalidade terapêutica, então notaremos com satisfação o primeiro raio de esperança na escuridão do pessimismo terapêutico onde parece que viemos parar. Assim, reconhecemos que não fizemos nada além daquilo que o próprio paciente tentou fazer ao longo de toda a sua vida, sem contudo obter um êxito satisfatório: superar o trauma do nascimento no sentido de uma adaptação à vida civilizada. Segundo nossa concepção, todo indivíduo recém-nascido entraria imediatamente no estado de abandono ou, falando de forma prática, de morte, se a natureza não exercesse sobre ele a primeira intervenção "terapêutica" e impedisse seu anseio de regressão ao ancorá-lo à angústia. A partir desse momento, toda atividade do indivíduo ao longo de sua vida adquire um caráter "terapêutico", na medida em que, em oposição às tendências ao retorno, à regressão, ela mantém em vida, por um longo período, o paciente "abandonado" sem, no entanto, conseguir isso a longo prazo. A esse respeito, cabe não perder de vista o elevado valor "catártico" de algumas atividades aparentemente pouco úteis, mas que servem justamente para exprimir tendências inconscientes: das brincadeiras infantis[281] às adultas, que alcançam na tragédia sua forma catártica suprema. Como Freud bem demonstrou em relação às manifestações psicóticas mais caricaturais, essas podem ser consideradas como uma tentativa de cura que, como a analítica, empreendem um movimento regressivo – que a análise também deveria seguir, caso quisesse exercer alguma influência. Ela apenas consegue conceder ao paciente a quantidade de prazer suficiente para não impedir que o uso abusivo da libido seja definitivamente suprimido. Para tanto, substituímos o objeto primitivo da libido – a mãe, como relatamos anteriormente –, por um sucedâneo, ao qual o doente poderá aprender a renunciar, à medida que vai tomando consciência de sua natureza e função. O grande valor que, apesar disso, esse sucedâneo tem para ele e que se exprime no fenômeno da transferência, deve-se à sua realidade; ou seja, no fato de o analista não apenas impedir o paciente de fixar nele sua libido por um determinado período, como também de desafiar essa fixação por meio das condições e do aparato do tratamento. Deste modo, a introversão neurótica é paralisada pela situação analítica, e o medicamento a que re-

---

281. Ver GROOβ, Karl. Das Spiel als Katharsis [A brincadeira como catarse]. *Zschr. für pädagogische Psychologie*, XII, 1912.

corre a psicanálise, é o próprio homem – que, tal como as práticas mágicas do homem-medicina, atua apelando diretamente ao inconsciente do paciente.[282] Àqueles que quiserem chamar a isso de sugestão, só objetamos que, deste modo, todo um processo intelegível psicologicamente seria substituído por uma palavra artificial e desprovida de conteúdo.[283] Não apenas a terapia psicanalítica, mas qualquer terapia, mesmo todas as medicamentosas, atuam, em última análise, no mesmo sentido "sugestivo"; isto é, apelando ao inconsciente do paciente. Isso já se manifesta na escolha do médico ou na relação pessoal com ele, que geralmente se baseia na transferência[284] e que apenas de maneira secundária atribui às medidas terapêuticas daquele o necessário consentimento do inconsciente. A partir de inúmeras experiências feitas nas análises, podemos esclarecer a ação de transferência inconsciente presente nesse mecanismo. Sabemos que, na vida da criança, o "doutor" desempenha um papel bastante definido, estreitamente circunscrito, que se manifesta com toda nitidez quando as crianças brincam "de médico": ele representa o ideal inconsciente da criança, por parecer que sabe de onde ela vem e o que, de um modo geral, se passa no interior do corpo. Se ele asculta ou toca, examina os excrementos, ou opera com o bisturi, necessariamente toca no obscuro trauma inicial; a situação psicanalítica, que deve tornar consciente essa "transferência", nos mostra com toda clareza em que medida o inconsciente do mais adulto dos homens permeneceu, ao longo de toda a sua vida, fixado na "brincadeira de médico", diretamente relacionada ao trauma inicial. É verdade que todo doente se comporta como a criança angustiada dentro do quarto escuro; ou seja, ele só se acalma quando surge o médico, e este lhe dirige algumas palavras de consolo. Ainda que a maioria dos médicos não queira reconhecer – e talvez nem sequer possam fazê-lo pois, inconscientemente, ainda brincam muito "de médico" – por receio de atentar contra sua reputação científica, eles teriam algo a aprender com seus poucos colegas, especialistas de medicina geral que, influenciados pelos procedimentos analíticos, atingiram alguns êxitos inesperados. A análise, que não conduziu apenas ao reconhecimento desse fato, mas também ao esclarecimento do paciente acerca dele, parece comprovar que essa, muito longe de prejudicar, é a única

---

282. Ver a esses respeito o rico material folclórico – ainda que me pareça interpretado de uma maneira muito complicada – de Róheim: Nach dem Tode des Urvaters [Depois da morte do pai primitivo]. *Imago*, v. IX/1, 1923.
283. FREUD, S. *Zur Dynamik der Übertragung* [Sobre a dinâmica da transferência]. *Op. cit.*, p. 365.
284. Ver FERENCZI. *Introjektion und Übertragung* [Introjeção e transferência]. *Jahrbuch*, I, 1919.

possibilidade de conseguir um êxito terapêutico de efeito duradouro. Pois a separação do analista, parte essencial do trabalho analítico, completa-se sob o signo da reprodução do trauma do nascimento, de modo que o doente perde, ao mesmo tempo, o médico e o seu sofrimento ou, melhor dizendo, ele tem de abrir mão de seu médico para poder livrar-se de suas dores.

Esses dois processos paralelos nos levam a refletir sobre o processo de cura e a questionar seu mecanismo e a técnica empregada para alcançá-lo. Ora, esses problemas só podem ser estudados a partir dos próprios materiais e de sua análise detalhada, o que tenho que adiar para um trabalho a ser a publicado em breve.[285] Apenas gostaria de acrescentar algumas observações a fim de circunscrever, por um lado, o papel do inconsciente e, por outro, do saber consciente, tantas vezes mal compreendido.

Precisamos nesse ponto evitar incorrer no "socratismo" tão criticado, e com razão, por Nietzsche; um perigo ao qual o próprio Sócrates, de modo violento, conseguiu escapar. Todos nós ainda somos "homens teóricos" e inclinados a acreditar que o saber seria capaz de nos tornar "virtuosos". Como a psicanálise acabou de demonstrar, não é bem assim. O conhecimento é algo totalmente diverso do fator de cura. O inconsciente mais profundo é, segundo sua natureza, tão invariável quanto qualquer outro órgão vital do homem; tudo o que conseguimos atingir com a psicanálise é uma mudança de atitude do *eu* em relação ao inconsciente. Isso, porém, significa muito, e mesmo, tudo, como mostra a história do desenvolvimento humano. Pois a saúde psíquica e a capacidade de realização do homem depende da relação entre seu *eu* e seu inconsciente, seu *id*.[286] Em pessoas normais, as diferentes instâncias inibidoras do *eu*, que correspondem ao "daimon" socrático, estão em condições de manter em xeque o inconsciente através do julgamento crítico e de barreiras afetivas (escrúpulos de consciência e sentimento de culpa). Nas neuroses de tipo histérico, sempre tem der ser utilizado um meio mais potente – a mobilização constante da angústia relacionada ao trauma primitivo – para impedir que o inconsciente, no movimento regressivo, arraste consigo o *eu* que já havia saído dele; nas neuroses de tipo obsessivo, o mesmo efeito é alcançado através da hipertrofia das instâncias do *eu*, enquanto que, nas psicoses, nos deparamos com o quadro assustador que resulta do embate

---

285. Por ora, ver: Zum Verständnis der Libidoentwicklung im Heilungsvorgang [Para a compreensão do desenvolvimento da libido no processo de cura]. *Zschr.*, IX, 4, 1923.

286. Ver o último trabalho de Freud: *Das Ich und das Es* [O Ego e o Id], 1923.

entre um *id* muito poderoso e um *eu* muito frágil.²⁸⁷ É deste modo que o domínio do efeito terapêutico da análise abrange todos aqueles casos nos quais se trata de regular a relação entre o *eu* e o *id* de maneira a obter, por uma dosagem correspondente – ou seja, por uma repartição da libido – a harmonia que caracteriza o funcionamento psíquico normal. Esse domínio abrange não apenas os distúrbios neuróticos e os estados iniciais das psicoses,²⁸⁸ mas também tudo o que poderia ser classificado de afetos psíquicos "secundários": conflitos sexuais e, até um certo grau, anomalias de caráter. Ele abrange, portanto, não apenas os distúrbios mais rudimentares da relação entre o *eu* e o *id*, mas também uma série de distúrbios funcionais mais delicados no interior dessa relação.

Considerando a importância do trauma do nascimento, seria possível estabelecer uma nova teoria dos caracteres e dos tipos que, diante de todas as tentativas empreendidas até aqui,²⁸⁹ teria a vantagem de colocar em evidência o determinismo individual e, com isso, abrir a possibilidade de exercer uma influência eficaz. Às neuroses de tipo introvertido e extrovertido (as denominações são de Jung), correspondem tipos determinados de caracteres que, da mesma maneira, podem ser deduzidos do trauma primitivo ou, mais exatamente, da reação a esse trauma. As crianças frágeis, delicadas, com pouco peso, que geralmente nascem prematuras e sem grandes dificuldades no parto, parecem aderir ao caráter introvertido, enquanto que as crianças nascidas no tempo certo, e por isso, em sua maioria, mais fortes, apresentam o tipo oposto. Isso se explica pelo fato de que, nos primeiros, por causa de um trauma do nascimento mais fraco, a angústia primitiva não é tão poderosa, opondo menos resistência à tendência regressiva; quando essas pessoas se tornam neuróticas, elas costumam apresentar um caráter

---

287. É claro que esse fenômeno é mais provável naquele ponto de intersecção do desenvolvimento que designamos de "puberdade", e essa experiência certamente induziu a psiquiatria ao erro de expandir tanto o quadro mórbido da demência precoce (*dementia praecox*), que sua denominação original, plenamente justificada, acabou perdendo seu sentido.

288. Tenho a impressão que deste ponto poderiam talvez resultar possibilidades terapêuticas para as psicoses, assim como os pontos de vista aqui expostos podem fornecer os princípios para uma ação terapêutica simplificada, orientada principalmente para o imediato. As neuroses de homens simples e o conteúdo primitivo das psicoses parecem de fato reivindicar uma ação terapêutica simplificada. A esse propósito, lembro aqui o fato clínico bem conhecido de mulheres que sofrem de doenças mentais apresentarem uma melhora significativa após um parto; mas também o fenômeno oposto, as psicoses puerperais, permitem confirmar as relações que tentamos estabelecer aqui.

289. Ver KRETSCHMER, B. *Körperbau und Charakter* [Estrutura corporal e caráter], 1921; JUNG, C. G. *Psychologische Typen* [Tipos psicológicos], 1921.

depressivo introvertido. O segundo tipo expulsa com mais força o medo primitivo experimentado mais intensamente e, em suas neuroses, tenderá menos à reprodução da situação primitiva que à do trauma do nascimento, contra o qual ele se debate violentamente em seu movimento regressivo.

Uma vez que acreditamos ter atingido o primeiro trauma causador das neuroses, nos furtamos aqui de incorrer num erro que a psicanálise sempre soube evitar desde seu início e em repetidos momentos de seu desenvolvimento posterior, graças aos progressos alcançados, na pesquisa e na teoria, através das agudas observações de Freud. Assim como os primeiros "traumas" que estávamos inclinados a responsabilizar pela produção de sintomas neuróticos revelaram-se experiências humanas normais, também o complexo de Édipo, descoberto pela psicanálise como sendo o núcleo das neuroses, revelou-se como a atitude normal e típica da criança e do homem civilizado. Nesse sentido, o trauma do nascimento, o último trauma compreensível do ponto de vista analítico, surge-nos agora como a experiência humana mais geral, aquela que determina e explica, com uma necessidade urgente, tal como foi esboçado aqui, o curso evolutivo do indivíduo e da humanidade. Certamente não é por acaso que, sempre que acreditamos ter encontrado a chave para a compreensão das neuroses, nós a transformamos num instrumento que parece mais indicado para tornar acessível a psicologia ainda desconhecida do homem normal. Isso explica também em que medida a principal obra de Freud consisitu precisamente em fornecer uma primeira compreensão dos fenômenos da psicologia normal (sonho, chiste, vida cotidiana, teoria sexual), e na criação da primeira psicologia em geral – ainda que partindo de materiais patológicos e apoiando-se no método e na técnica psicanalíticos. Deste modo, gostaríamos de considerar nossas explanações acerca da importância do trauma do nascimento como uma contribuição ao edifício freudiano da psicologia normal; no melhor dos casos, como um de seus pilares, com o qual acreditamos ainda ter feito avançar a teoria das neuroses – incluindo a terapia.

Mas pretendemos esclarecer em que medida essa tentativa foi bem-sucedida, uma vez que disso depende o desenvolvimento do problema em questão. Acreditamos ter conseguido demonstrar que todas as formas de neurose e seus sintomas exprimem a tendência a uma regressão da fase de adaptação sexual em direção ao estado primitivo e pré-natal e, por conseguinte, à situação do nascimento, cuja lembrança deve, nesse momento, ser superada. Do ponto de vista da medicina e da intervenção terapêutica, essa concepção não pode ser, de forma alguma, subestimada, ainda que, em relação à teoria das neuroses, no sentido mencionado acima, ela tenha permanecido insuficiente, pois remete à especificidade do caso – a formação dos sintomas – a um fato tão geral como o trauma do nascimento. De qualquer modo, ainda resta em seu interior lugar suficiente – poderíamos até dizer: mais do que suficiente – tanto para as influências hereditárias do plasma germinal quanto para as eventuais particularidades individuais (do ato do nascimento). Nossa concepção, contudo, procura estabelecer a teoria dos diferentes pontos de fixação que determinam a escolha da neurose pelo doente por uma lesão traumática num único ponto de fixação, no ato do nascimento, e que produz efeitos variados. Segundo nosso ponto de vista, existe, de modo geral, apenas um único ponto de fixação, que é o corpo da mãe e, em última análise, todos os sintomas se referem a essa fixação primitiva, que é um fato psicobiológico de nosso inconsciente. Nesse sentido, acreditamos ter descoberto no trauma do nascimento o trauma inicial, não nos parecendo necessário percorrer o longo caminho da pesquisa analítica para chegar ao "trauma patogênico" de cada caso isolado, mas tão somente reconhecer, na reprodução, o trauma específico do nascimento e demonstrar ao *eu* adulto do paciente que aquilo não passa de uma fixação infantil. Nesse sentido, o mecanismo de consolo atuante no trauma do nascimento (e que é mais conhecido no sonho de "prova": "tudo correu muito bem!") constitui um fator de cura que não deve ser subestimado, e que justifica um otimismo terapêutico decisivo.

Se existe, portanto, uma vantagem eminentemente prática em nossa nova perspectiva a respeito da essência e do caráter do inconsciente (*id*), temos de admitir que ela não altera em absoluto a teoria das neuroses, que deveria ter experimentado uma nova elaboração. A princípio, reconhecemos as neuroses em suas formas mais variadas como reproduções e efeitos do trauma do nascimento que, entretanto, também condiciona e fundamenta a adaptação normal à vida civilizada, bem como todas as realizações superiores do homem. Retomemos a proposição de Freud, que afirma que as psiconeuroses não são doenças no sentido estritamente clínico do termo,[290] mas sim inibições que se interpõem ao desenvolvimento do homem ao longo de seu processo de adaptação sexual à realidade; contudo elas representam, como esse esforço adaptativo, tentativas de superação do trauma do nascimento, ainda que malogradas. Na adaptação à vida civilizada, com todas as suas realizações difíceis, normais e de grande valor, vemos tentativas mais ou menos exitosas de superação do trauma do nascimento,

---

290. Proposição que pôde ser comprovada por Jung também em relação às psicoses, nas quais os pacientes lutavam contra os mesmos "complexos" que o homem normal conseguira controlar.

dentre as quais consideramos a psicanálise – e não apenas em relação à sua aplicação terapêutica – a mais bem-sucedida.

Assim, o problema das neuroses se reduziria, em última análise, a uma questão de forma. Pois observamos tanto na adaptação biológica da criança a uma situação extrauterina quanto na adaptação normal do homem civilizado e em suas realizações compensatórias na arte (no sentido mais amplo da palavra) a mesma tentativa de superação sob formas análogas, todavia com uma diferença essencial, que é o fato de o homem civilizado e, mais do que isso, de o "artista", ser capaz de uma reprodução objetiva, tomando formas variadas, rigorosamente determinadas, condicionadas pelo trauma primitivo, enquanto que o neurótico é forçado a produzir os mesmos sintomas em seu próprio corpo.[291] Nesse "retorno obrigatório do mesmo" no próprio corpo, porém, parece basear-se a essência da maioria dos processos patológicos. O neurótico é reiteradamente remetido à realidade do trauma do nascimento, enquanto que o homem normal e, por assim dizer, supranormal (artista) o lança para frente, projetando-o para o exterior, conseguindo, portanto, objetivá-lo.

Enfim, se quisermos dar uma breve ideia de como atua nossa ação terapêutica e no que consiste o fator de cura, então temos de, mais uma vez, considerar o conhecimento analítico e o caminho que leva até ele como algo dado. Hoje, quando já temos bastante conhecimento não só acerca de todo o conteúdo do inconsciente e dos mecanismos psíquicos, mas também do trauma do nascimento que, por enquanto, é considerado o elemento final, a análise encontra-se em totais condições de emancipar-se, e de uma maneira considerável, do trabalho de pesquisa. Como o paciente, via de regra, começa pela transferência, temos a possibilidade técnica de também iniciarmos pela revelação do trauma do nascimento, em vez de deixar tempo ao paciente para reproduzi-lo automaticamente ao final da análise. Deste modo, conseguimos desatar definitivamente o nó górdio do recalcamento primitivo, em vez de nos esforçarmos impiedosamente para desfazê-lo e apenas conseguirmos que, ao desatarmos um lado, o outro se embole ainda mais. A reconstrução da história infantil ocorre após a descoberta de seu fundamento, segundo um plano estritamente circunscrito por este, a partir de uma base, digamos, sem dificuldades; com isso, ajustamos também o sentimento da rememoração, que estava reprimido pelo trauma primitivo. Trata-se, portanto, de fazer com que o paciente que, em sua neurose, está refugiado na fixação na mãe, possa repetir e compreender, durante a análise, o trauma primitivo manifes-

---

291. Ferenczi cita a esse respeito a concepção freudiana de uma fase autoplástica.

tado na transferência e em sua própria dissolução, permitindo sua reprodução inconsciente a partir da separação do analista. A enorme vantagem terapêutica que alcançamos com a descoberta oportuna da fixação primitiva é a de que, no final da análise, em vez da reprodução do trauma do nascimento, ela pode resolver os conflitos sexuais, dos quais o paciente foge (complexo de Édipo etc.) e o sentimento de culpa (em vez da angústia) a eles relacionados, que aparecem de forma pura e inalterados por mecanismos de regressão.

É de grande auxílio nesse processo a identificação com o analista a partir da transferência, por meio de cuja ação libidinosa o paciente aprende a superar a angústia graças às possibilidades de transferência sexual. Em última análise, a obsessão em repetir (reproduzir) o trauma primitivo – ou seja, a situação primitiva – é eliminada na terapia, na medida em que a orientação da libido é modificada, convertendo-se num anseio de adaptação.

Tudo isso é possível graças à técnica de associação e de transferência elaborada por Freud,[292] na qual opomos nosso próprio inconsciente ao inconsciente do paciente. Este é o único meio pelo qual podemos agir sobre sua libido. Com essa técnica, permitimos ao paciente, por assim dizer, de tempos em tempos, uma ampla reconstituição da situação primitiva, ao levarmos seu inconsciente a isso pela "frustração" (Freud), para logo em seguida, revelar o caráter infantil dessa tendência, bem como tudo o que existe de impossível e irrepreensível nesse objetivo, em vez de, através de uma produção incessante de angústia, permitir que esse medo não se dissipe. O meio técnico mais importante – a separação do objeto substituto da libido (o analista) –, não será aplicado no auge da transferência, ao estabelecermos o término irrefutável do processo mas, antes, entra em ação desde o início, de forma automática. Não apenas o paciente sempre tem consciência de que o tratamento deverá terminar um dia, mas também cada hora do tratamento exige dele, de maneira reduzida, a repetição da fixação e da separação, até que ele consiga realizá-las definitivamente. Em relação ao paciente, o analista se encontra na mesma situação que o professor em relação ao aluno: este só pode aprender quando se identifica com aquele; assim, o paciente deve aceitar a atitude do analista em relação ao inconsciente, ao adotá-lo como seu *eu*-ideal. Tocamos aqui no problema da transferência paterna, cuja marcante função curativa justifica que ela ocupe o primeiro lugar na técnica analítica. Ao longo do processo de análise, o paciente deve aprender a resolver, por "transferência", o recalcamento primitivo relacionado à mãe, até fixar-se num objeto substitu-

---

292. A comparação freudiana de *receiver* (*Kleine Schriften*, IV, 405).

tivo real, sem carregar consigo o recalcamento primitivo. Essa tentativa que, no caso de um desenvolvimento normal, atinge automaticamente um êxito maior ou menor, deve ser empreendida na análise pelo neurótico, com auxílio de forças conscientes, no processo de tornar conscientes suas tendências regressivas insconscientes, no qual apelamos ao eu consciente para fortalecê-lo na luta contra o *id* onipotente.

Percebemos com isso que tudo o que o paciente tem a fazer é completar ou corrigir uma fase de seu desenvolvimento defeituoso (a dita "pós--educação" de Freud). E, precisamente, aquela fase do desenvolvimento social e humano que, por um lado, o trauma do nascimento torna necessária e, por outro, dificulta tanto: trata-se da renúncia à fixação materna pela transferência da libido para o pai (o "princípio masculino" de Bachofen); ou, analiticamente falando, a fase anterior ao desenvolvimento do complexo de Édipo. O *id* do paciente opõe-se a essa pós-educação através da resistência libidinal; ou seja, exigindo do analista a satisfação completa da libido fixada na mãe, na forma de uma repetição hetero ou homossexual da situação edipiana. Mas o fato de seu *eu*, por causa da identificação com o analista, estar em condições de superar tanto as tendências libidinosas atuais, derivadas da transferência, quanto as regressivas maternas, pode ser explicado se pensarmos que seu *eu*, desde o início, foi criado e desenvolvido a partir do *id* para essa tarefa em especial. Na análise, esse meio auxiliar do desenvolvimento normal, finalmente é fortalecido por elementos conscientes, pois o paciente acaba por tomar consciência de sua identificação com o analista e, com isso, torna-se independente dele.

Se com isso temos de, em última análise, recorrer novamente ao auxílio da frágil consciência, é porque podemos nos consolar com as seguintes considerações: se a consciência não passa de uma arma precária, ela é contudo a única que dispomos para lutar contra a neurose. O ancoramento psíquico da sensação de angústia ligada ao ato do nascimento atua na consciência como meio terapêutico e biológico mas, como tentamos mostrar, essa absorção pela consciência era uma condição do processo de humanização. E a consciência é, pois, a característica humana *kat exochen* [por excelência] Quem ousaria negar que a supressão do recalcamento primitivo e seu ancoramento à consciência não bastam para fazer com que o neurótico amadureça naquele grau mínimo em que se encontra o homem civilizado atual, que parece ainda não ter saído das fraldas? O neurótico apenas permaneceu por pouco mais tempo na fase do trauma do nascimento, e tudo o que a terapia pode conseguir é trazê-lo até essa fase das "fraldas", na qual toda a humanidade ainda se encontra.

BIOBIBLIOGRAFIA

1884	Nasce em Viena, como Otto Rosenfeld, em 22 de abril.
1901	Converte-se ao cristianismo e muda seu nome para Otto Rank.
1906-1907	Conhece Freud e publica sua primeira obra, *O artista. Princípios para uma psicologia sexual (Der Künstler. Ansätze zu einer Sexualpsychologie)*.
1909	Publica *O mito do nascimento do herói (Der Mythus der Geburt des Helden)*. Freud contribui com o capítulo sobre o romance familiar.
1910-1915	Ocupa o cargo de Secretário da Sociedade Psicanalítica de Viena.
1911	Publica *A lenda de Lohengrin (Die Lohenrin Sage)*.
1912	Doutorado em Filosofia pela Universidade de Viena, com a tese *O tema do incesto na literatura e na lenda (Das Inzest-Motiv in der Dichtung und Sage)*. Funda com Hanns Sachs o periódico *Imago*, dedicado a artigos sobre psicanálise.
1913	Publica com Sachs *A importância da psicanálise para as ciências humanas (Die Bedeutung der Psychoanalyse für die Gesellschaften)*. Edita com Jones e Ferenczi a *Internationale Zeitschrift für die Psychoanalyse* (Revista Internacional de Psicanálise), que viria a editar sozinho entre 1921 e 1924.
1914	Publica seu estudo *O duplo, um estudo psicanalítico (Der Doppelgänger. Eine psychoanalytische Studie)* no terceiro volume da *Imago*.
1915-1916	Convocado a alistar-se na Primeira Guerra, é enviado à Polônia, onde se torna o editor do jornal do exército austríaco.
1918	Casa-se com a polonesa Beata Mincer, que viria a tornar-se psicanalista infantil sob o nome de Tola Rank.
1920	Começa a atuar como psicanalista.

1923	Publica com Sándor Ferenczi *Objetivos do desenvolvimento da Psicanálise. Sobre a alternância entre teoria e prática (Entwicklungsziele der Psychoanalyse. Zur Wechselbeziehung von Theorie und Praxis)*.
1924	Publica *O trauma do nascimento*. Início de seus conflitos com o movimento psicanalítico.
	Abril de 1924-Maio de 1925 – Primeira viagem aos Estados Unidos, onde dirige seminários, dá conferências e mantém uma correspondência com Freud.
1926	Última visita a Freud e ruptura definitiva entre os dois.
1926-1934	Divide-se entre Estados Unidos e Paris, onde atua como psicanalista de várias personalidades do meio artístico, dentre as quais Anaïs Nin, de quem se torna amante.
	Dedica-se a *Técnica psicanalítica (Technik der Psychoanalyse)*, obra que publica em três volumes, e na qual se distancia das concepções psicanalíticas tradicionais: I. *A situação analítica (Die analytische Situation*, 1926); II. *A reação analítica (Die analytische Reaktion*, 1929); III. *A análise do analista (Die Analyse des Analytikers*, 1931). Também em três volumes, escreve *Elementos para uma psicologia genética baseada na psicanálise da estrutura do Eu (Grundzüge einer genetischen Psychologie auf Grund der Psychoanalyse der Ich-Struktur)*: I. *Psicologia genética (Genetische Psychologie*, 1927); II. *Formação e expressão da personalidade (Gestaltung und Ausdruck der Persönlichkeit*, 1928); III. *Verdade e realidade (Wahrheit und Wirklichkeit*, 1929).
1930	É expulso da *American Psychoanalytic Association* e da Associação Internacional de Psicanálise.
1932	*Art and the artist. Creative urge and Personality Development (A arte e o artista. Criatividade e desenvolvimento da personalidade)*.
1933	*Educação e ciência. Uma crítica da ideologia educacional psicológica. (Erziehung und Wissenschaft. Eine Kritik der psychologische Erziehungs-Ideologie)*.
1934	Instala-se definitivamente em Nova York, onde dá cursos e conferências e dedica-se a estudos sobre desenvolvimento infantil e educação.
1938	Divorcia-se da primeira mulher, de quem estava separado desde 1936.
1939	Casa-se pela segunda vez. Solicita a cidadania americana.
	Morre em Nova York em 31 de outubro, aos 55 anos, em decorrência de uma septicemia.

RESUMO DOS CAPÍTULOS

I – A SITUAÇÃO ANALÍTICA
O método objetivo de explicação analítica – a fantasia do "segundo nascimento" – a fixação pela mãe – identificação entre as situações de análise e intrauterina – recordações encobridoras e o trauma do nascimento – o fim da análise como um "segundo nascimento" – a importância da fixação de um prazo para o término da análise.

II – A ANGÚSTIA INFANTIL
O desenvolvimento psíquico da criança – angústias típicas infantis (medo do escuro e de animais) – simbologia dos animais pequenos e rastejantes – paralelos etnológicos da angústia infantil – o prazer da situação intrauterina e a tendência em reproduzi-lo – prazeres infantis (sucção, expulsão dos excrementos, masturbação infantil) – a angústia da castração – simbologia das brincadeiras infantis – a relação da criança com a morte – rituais de luto e sua relação com o trauma do nascimento – instinto animal e restabelecimento do estado primitivo.

III – A SATISFAÇÃO SEXUAL
A curiosidade infantil sobre a origem das crianças – as teorias infantis sobre o nascimento – desenvolvimento da libido infantil – perversões e situação infantil primitiva – a subestimação social da mulher e sua relação com o trauma do nascimento – o simbolismo do pênis – união sexual e restabelecimento da situação original – o complexo de Édipo – transferência da libido para o objeto amoroso.

IV – A REPRODUÇÃO NEURÓTICA
O processo da neurose – o paradigma da angústia neurótica: o medo infantil do escuro – os distúrbios sexuais – conteúdo inconsciente dos sintomas somáticos da histeria – a conversão psíquica – reproduções somáticas do trauma do nascimento – o ataque histérico – a mãe como concorrente de Édipo – rituais

maníaco-compulsivos – ciclotimia e trauma do nascimento – depressão e melancolia – compreensão teórica da psicose (Breuer, Freud, Jung) – a tendência de retorno ao útero materno – exemplos de formações imaginárias – sintomas esquizofrênicos (Tausk) – psicose e concepção mitológica do mundo.

V – A ADAPTAÇÃO SIMBÓLICA

Estado de sono e situação intrauterina – tipologia dos sonhos (de desejo, angústia, punição, "prova" e comodidade) – sonhos com sensações físicas – sonhos de necessidade e de "viagem" – a fantasia de retorno ao corpo materno [*Mutterleibsphantasie*] – mecanismo psicológico da invenção – origem inconsciente da criação cultural – adaptações simbólicas à realidade (sucedâneos da situação intrauterina; métodos de sepultamento; criações arquitetônicas) – a morte do pai primitivo (Freud) – a formação de Estado masculina (a barreira contra o incesto) – o culto solar dos incas – a ameaça do poder sexual da mulher – a queda da Bastilha como libertação da prisão materna – dominação patriarcal e trauma do nascimento – adaptações à vida civilizada (invenção de ferramentas e armas; caça) e superação do trauma do nascimento – rituais de sacrifício totêmico do pai primitivo – a formação da linguagem – mitologia da natureza e percepção inconsciente de fenômenos cósmicos – o mecanismo de projeção mítica.

VI – A COMPENSAÇÃO HEROICA

O mito do nascimento do herói – atos heroicos como supercompensação – o herói e o neurótico – o conto de fadas – o romance familiar (a figura do príncipe encantado) – o heroísmo do caçula – o paraíso bíblico – a morte como retorno ao útero materno – exemplos da mitologia grega (Bachofen) – a imagem da mulher como portadora da morte.

VII – A SUBLIMAÇÃO RELIGIOSA

A concepção astral do mundo – o culto aos astros e a relação da criança com a mãe – ioga e procedimento analítico – rituais hindus (Diksa) – o culto à divindade materna nas diferentes culturas – a divindade solar no cristianismo – representações do inferno e situação intrauterina – o conceito de punição na Antiguidade e na Idade Média – Íxion preso à roda – o mundo como cárcere – crucificação e ressurreição (realizações ideais do retorno ao útero materno).

VIII – A IDEALIZAÇÃO ARTÍSTICA

As imagens da crucificação de Cranach – Nietzsche e o "apolíneo" (uma nova relação com a morte) – a angústia como fonte do helenismo – o simbolismo da esfinge – representações artísticas da angústia do nascimento (as estátuas orientais, os monstros femininos e híbridos nas culturas grega e asiática) – o culto solar egípcio – o "Canto do deus primitivo" – o minotauro e o simbolismo do labirinto – Pandora – Prometeu – representações do útero materno (recipientes) – a arte como idealização do trauma do nascimento – a imaginação épica – Troia como símbolo materno – Ulisses como pai primitivo – a tragédia (culpa e catarse).

IX – A ESPECULAÇÃO FILOSÓFICA
Os gregos e o problema da origem das coisas – Tales (a água) – Anaximandro (à luz de Nietzsche) – Heráclito (o fogo) – o "espírito em si" (*Nous*) – a teoria platônica do Eros – a alegoria da caverna – a imagem primitiva da "ideia" – Aristóteles – misticismo filosófico e religioso (*unio mystica*) – processos de ampliação do eu (Descartes e Kant) – Sócrates: instinto como força criativo-afirmativa (Nietzsche) – o precursor da terapia analítica.

X – O CONHECIMENTO PSICANALÍTICO
Retrospecto histórico-científico: Breuer e Freud – conversão e trauma do nascimento – ancoramento psíquico da angústia primitiva – raízes psicofísicas da adaptação social e das patologias – substrato das fantasias primitivas – situação edipiana intrauterina – a ideia de alma a partir da ideia de morte – o mecanismo do recalcamento primitivo.

XI – O EFEITO TERAPÊUTICO
Problemas da relação entre conhecimento psicanalítico e cura (teoria e prática) – a necessidade de uma terapia "ativa" (Ferenczi) – o próprio homem como medicamento – fim da análise e reprodução do trauma do nascimento – regulamentação entre eu e id (repartição da libido) – proposta de uma nova teoria dos caracteres e dos tipos de neurose a partir do trauma do nascimento – o complexo de Édipo como atitude típica e normal – o caráter geral do trauma do nascimento – vantagens terapêuticas da descoberta da fixação primitiva – a associação e a transferência na reconstituição da situação primitiva – a identificação com o analista – estabelecimento de um prazo para o término das sessões – o instrumento humano por excelência: a consciência.

Este livro foi impresso pela BMF Gráfica e Editora
em fonte Minion Pro sobre papel Pólen Bold 70 g/m²
para a Cienbook.